VERONIKA HARMS

Das Heilpflanzen Buch

Alle Ratschläge in diesem Buch wurden vom Autor und vom Verlag sorgfältig erwogen und geprüft. Eine Garantie kann dennoch nicht übernommen werden. Eine Haftung des Autors beziehungsweise des Verlags für jegliche Personen-, Sach- und Vermögensschäden ist daher ausgeschlossen.

Email: info@edition-jt.de
www.edition-jt.de

JT Handels UG
Berumer Str. 44
26844 Jemgum

Inhalt

Heilpflanzen – Weit mehr als nur Kräuter

Herzlich willkommen im beeindruckenden Universum der Heilpflanzen. In einer Ära, in der Menschen fortwährend nach neuartigen medizinischen Methoden und technologischen Entwicklungen suchen, haben wir oft die Tendenz, die Naturschätze zu übersehen. Teilweise werden wertvolle Pflanzen sogar als Unkraut abgetan. Aber die Erde, auf der wir leben, ist ein riesiger Apothekengarten mit einer bemerkenswerten Vielfalt an Heilpflanzen und nicht nur ein lebensspendender Planet. Diese haben erstaunliche Fähigkeiten, die unser Wohlbefinden und unsere Gesundheit auf natürliche Weise unterstützen können.

Heilpflanzen werden bereits seit vielen Jahrhunderten als Heilmittel eingesetzt. Sie enthalten chemische Substanzen, wie Alkaloide und Flavonoide, die eine starke Heilwirkung aufweisen, um unsere Selbstheilungskräfte zu aktivieren.

Dieser Ratgeber unterstützt Sie dabei, die Verantwortung für Ihre Gesundheit zu übernehmen, indem Sie Heilpflanzen anwenden, die entweder über Apotheken bezogen werden oder selbst angebaut und geerntet werden können. Es werden Ihnen nicht nur Einblicke in die verschiedenen Pflanzenarten, ihre Wirkungen und Einsatzmöglichkeiten gegeben, sondern auch in Ihren Körper und in sich selbst.

Die Auseinandersetzung mit Ihrem eigenen Körper als Spiegel der Seele, seinen beeindruckenden Fähigkeiten zur Regeneration und seinen Funktionsweisen machen Sie zu einem aktiven Patienten. Sie greifen nicht bei jedem Schnupfen zur Tablette, sondern wissen, wie Sie sich selbst bei der Heilung unterstützen können.

Die Verwendung von Heilpflanzen ist der Anfang einer langen Reise, die Ihnen ermöglicht, weit über Ihren Horizont hinauszublicken, also tauchen Sie ein in die faszinierende Welt der Heilpflanzen.

Einführung in die Welt der Heilpflanzen

Bei der Heilpflanzenkunde geht es um einen speziellen Zweig der Medizin, welcher die heilende Wirkung von Pflanzen behandelt, untersucht und auch anwendet. Pflanzen sind die ältesten Heilmittel, die es gibt, da sie bereits vor Jahrtausenden als Grundstoffe für Arzneimittel hergenommen wurden. Vor allem in Indien und China wurden zu damaliger Zeit schon Heilpflanzen angebaut und erfolgreich eingesetzt. Die Anwendung von Pflanzen und Kräutern als Heilmittel geriet ein wenig in Vergessenheit, doch spätestens seit der berühmten deutschen Mystikerin Hildegard von Bingen erfährt die Phytotherapie, wie die Heilpflanzenkunde auch genannt wird, einen neuen Aufschwung.

Hildegard von Bingen wurde 1098 als 10. Kind des Grafen Hildebert von Bermersheim und seiner Frau Mechthild im Rheinland geboren. Im Alter von 8 Jahren ging Hildegard von Bingen in das Kloster Disibodenberg, wo sie eine umfassende Ausbildung erhielt. Hildegard legte im Alter von 15 Jahren ihr Gelübde als Nonne ab und wurde Benediktinerin.

Es wird gesagt, dass sie bereits in jungen Jahren Visionen hatte, die jedoch bis zu ihrem 43. Lebensjahr von ihr geheim gehalten wurden. Von Krankheit und Schmerz gezeichnet, gab Hildegard ihrer prophetischen Berufung nach und begann, ihr erstes Buch Scivias (Wisse die Wege) zu schreiben. Aufgrund ihres Glaubens und Lebensstils wandten sich viele Menschen an sie, um Rat und Führung zu erhalten. Der Zustrom von Hilfesuchenden und Kranken machte sie zu einer Missionarin und Predigerin. Nach ihrer letzten Missionsreise starb Hildegard mit 81 Jahren in Rupertsberg bei Bingen.

Die Lehre

Hildegards Lehren, auch „Hildegards Medizin"[4] genannt, basieren auf ihrem umfangreichen Wissen über Kräuter und Naturheilkunde. Es stellt ganzheitliche Heilung und die Verbindung zwischen Mensch, Umwelt, Körper und Seele dar. Ein ausgewogenes und harmonisches Miteinander ist der Schlüssel zu einem gesunden Lebensstil. Daher ist es wichtig, Krankheiten ganzheitlich – sprich auf allen Ebenen – zu behandeln, um Gleichgewicht und Heilung zu erreichen und aufrechtzuerhalten.

Nach Hildegards Lehre sind Kräuter und Gewürze die Grundlage für vielfältige Anwendungen, etwa für Kräutertinkturen, Öle und Cremes. Besonderes Augenmerk wird dabei auf den Einsatz in der Küche gelegt, denn bestimmte Gewürze sollten regelmäßig zubereitet oder bei Bedarf mehrmals täglich gegessen werden. Ihre damals weitverbreiteten Forschungen über Ernährung und die Interaktion zwischen Geist und Seele lieferten Einblicke in viele Lebensmittel. In ihren Notizen werden einerseits einige Produkte als sogenannte „Küchengifte" eingestuft (z. B. rohe Zwiebeln), andererseits werden auch viele Produktempfehlungen hinsichtlich der Gesundheit gegeben, wie etwa der Dinkel.

Immer mehr Menschen machen mittlerweile weltweit Gebrauch von der Pflanzenheilkunde, da die vielen positiven Wirkungen von Pflanzen inzwischen auch wissenschaftlich bestätigt sind. Ein großer Vorteil von pflanzlichen Medikamenten gegenüber chemischen Arzneimitteln liegt bei den viel geringeren Nebenwirkungen. Der französische Arzt und Autor Henri Leclerc (*1870; †1955) prägte den Begriff der Phytotherapie sehr stark. Er definierte die Phytotherapie als Behandlung und Prävention von Erkrankungen mithilfe von Pflanzen sowie aus Pflanzen gewonnenen Produkten. Daher werden pflanzliche Arzneimittel auch als Phytopharmaka oder pflanzliche Drogen bezeichnet.

Geschätzt werden die Heilkräuter auch wegen ihrer schmerzstillenden und heilenden Eigenschaften. Im Laufe der Jahrhunderte haben verschiedene Kulturen auf der Erde ihr eigenes Wissen über Heilpflanzen entwickelt. Einige dieser medizinischen Traditionen und Praktiken mögen uns heute seltsam erscheinen, andere haben wir gern in unseren Alltag übernommen, doch gemeinsam ist ihnen, dass sie stets danach streben, Krankheiten und Leid zu bekämpfen und die Lebensqualität zu verbessern. Aus diesem Grund verlassen wir uns auch heute noch bei etwa 75 % unserer Medikamente auf Pflanzen.

Die Zahl und Vielfalt der Pflanzen mit Heilwirkung ist überraschend groß. Etwa 50.000 bis 70.000 Pflanzenarten werden für medizinische Zwecke genutzt – von der kleinsten Flechte bis zum Riesenmammutbaum. Derzeit werden in der westlichen Kräutermedizin noch mindestens 1.000 in Europa heimische Pflanzenarten sowie weitere Tausende Arten aus Amerika, Afrika, Australien und Ozeanien verwendet. In der Ayurvedischen Medizin, also der

Traditionellen Indischen Medizin, werden etwa 2.000 Pflanzenarten mit medizinischen Eigenschaften genutzt. Das Chinesische Arzneibuch listet mehr als 5.700 traditionelle Arzneimittel auf, von denen die meisten pflanzlichen Ursprungs sind. In der traditionellen Medizin werden immer noch etwa 500 Kräuter verwendet, obwohl die ganze Pflanze dabei eher selten zum Tragen kommt. Kräuter dienen vielmehr als Ausgangsstoffe für die Isolierung oder Synthese gängiger Arzneimittel. Beispielsweise wird Digoxin, das aus der Fingerhutpflanze gewonnen wird, als Herzmedikament verwendet, während spezielle Substanzen aus der Yamswurzel für die Herstellung der Antibabypille eingesetzt werden.

In diesem ersten Kapitel erhalten Sie einen umfassenden Einblick von der Geschichte der Phytotherapie über die Anwendung – sowohl in der Naturheilkunde als auch der Schulmedizin – bis hin zu einer nachhaltigen Ernte, dem Schutz sowie Erhalt der Pflanzen. Beginnen werden wir mit den gängigsten Heilpflanzen.

Die folgenden Informationen geben Ihnen einen Überblick über verschiedene Heilkräuter, die uns Mutter Natur zu bieten hat. Dies ist ein alphabetisch geordneter Überblick über die wichtigsten Pflanzen, Gewürze und Kräuter und ihre medizinischen Eigenschaften und Anwendungsmöglichkeiten:

ALOE VERA (ALOACEAE)

Die Aloe ist eine mehrjährige Pflanze mit bis zu 60 cm langen Blättern und gelben oder orangefarbenen Rispen. Aloe, die in Afrika beheimatet ist, kann auf zwei Arten therapeutisch eingesetzt werden: Da sie die Heilung beschleunigt und das Risiko einer Infektion verringert, ist das im Blatt enthaltene Gel zur Behandlung von Wunden und Verbrennungen geeignet. Im Gegensatz dazu wird der bittere gelbe Saft aus der Blattbasis getrocknet (Aloe-Trockenextrakt) und bei kurzzeitiger Verstopfung als starkes Abführmittel verwendet.

Die Aloe, ursprünglich in Ost- und Südafrika beheimatet, wird mittlerweile weltweit angebaut. Sie wird durch Ableger vermehrt. Um das Gel und den gelben Saft zu gewinnen, werden die Blätter abgeschnitten und die Flüssigkeit tritt aus ihnen heraus.

Die Blätter enthalten einen bitteren gelben Saft, in dem stark abführende Anthrachinone vorkommen. Diese ziehen den Dickdarm zusammen und führen in der Regel zu einem Stuhlgang zwischen 8 und 12 Stunden nach der Anwendung. Eine geringe Menge regt die Verdauung an, während eine größere Menge abführend ist.

Aloe eignet sich auch hervorragend zur Behandlung von Verbrennungen, Abschürfungen, Verbrühungen und Sonnenbrand. Auf die betroffenen Stellen reiben Sie das Gel, das von einem abgebrochenen Blatt austritt.

Verwendete Teile:
Das enthaltene Gel in den Blättern

ARNIKA (ARNICA MONTANA)

Die aus ihren Inhaltsstoffen hergestellten Arzneimittel besitzen sowohl antiarthritische, antirheumatische sowie antiseptische Eigenschaften. Ihre Blüten und ihre Wurzeln werden hauptsächlich äußerlich genaustens dosiert angewendet, da die Pflanze auch Giftstoffe enthält. So findet man Arnika sehr oft in Salben, die bei Muskelschmerzen und Verstauchungen aufgetragen werden. Aber auch das Arnika-Öl ist sehr beliebt und dient vor allem zu Massagezwecken.

Vorwiegend wird Arnika bei Bronchitis, Krampfadern, Herzbeschwerden sowie bei Zahnfleischentzündungen eingesetzt.

Verwendete Teile:
Das enthaltene Gel in den Blättern, Blüten und Wurzeln

Artischocke (Cynara cardunculus var. scolymus)

Die Artischocke ist eine mehrjährige, bis zu 1,5 m hohe Pflanze mit großen, distelähnlichen Blättern, oben graugrün, auf der Unterseite weißfilzig, und sehr großen violett-grünen Blütenköpfen. Sie ist im Mittelmeerraum beheimatet und wächst auf fruchtbaren, warmen Lehmböden in einem milden Klima. Die Erwerbsgemüsepflanzen werden nach 4 Jahren ersetzt. Im Frühsommer, wenn die Blütenköpfe und Blätter noch geschlossen sind, erfolgt die Ernte.

Die Artischocke ist eine nützliche Arznei, welches die Leber vor Infektionen und Toxinen schützt. Auch wenn die Blätter besonders wirksam sind, sind alle Pflanzenteile bitter und tragen zur Verdauungssäfteproduktion bei, insbesondere zur Gallensekretion. Dadurch kann die Pflanze bei Gallenproblemen, Übelkeit, Verdauungsstörungen und aufgetriebenem Leib angewendet werden. Die Artischocke führt außerdem zu einer Reduktion des Cholesterinspiegels.

Verwendete Teile:
Blütenköpfe, Blätter und Wurzeln

AUGENTROST, GEMEINER (EUPHRASIA OFFICINALIS)

Er wird, wie der Name bereits verrät, zur Behandlung von Augenkrankheiten angewendet. Der Augentrost ist ein altbewährtes Heilkraut und besitzt entzündungshemmende Eigenschaften, weswegen es medizinisch vorzugsweise bei Lidrand- und Bindehautentzündungen eingesetzt wird. Er findet seine Anwendung jedoch auch bei Husten und Schnupfen. Dem Augentrost wird nachgesagt, dass er den Menschen, die blind vor Schmerz sind, das Brennen und die Trauer nimmt und das Leuchten in ihre Augen zurückbringt.

Verwendete Teile:
Das ganze blühende Kraut

Bärlapp (Lycopodium)

Bärlapp ist auch als Drudenfuß oder Schlangenmoos bekannt, war ursprünglich ein traditionelles Heilmittel bei den Naturvölkern und wurde von Schamanen weltweit zum Erzeugen pyrotechnischer Effekte genutzt. Bärlapp enthält ätherische Öle und Alkaloide. Bei seiner Verbrennung entsteht ein aromatischer Rauch, der die Heilung von Augenkrankheiten unterstützt. In der heutigen Zeit werden mittlerweile Salben aus Bärlapp hergestellt, die bei Augenentzündungen helfen können. Das Kraut soll damals bei den gallischen Druiden sogar als Notfallmedikament empfohlen worden sein, vor allem bei schlecht heilenden Wunden, Gicht, Rheuma und bei Krämpfen aller Art. Heutzutage findet besonders der Keulen-Bärlapp (Lycopodium clavatum = Wolfsklaue) seinen heilenden Einsatz in der Homöopathie.

Verwendete Teile:
Samen und Kraut

Bärlauch (Allium Ursinum)

Bärlauch, auch Hexenzwiebel, Zigeunerlauch oder Wilder Knoblauch genannt, ist ein vielseitiges Kraut mit zahlreichen Anwendungsmöglichkeiten. Seinen Namen hat der Bärlauch gemäß einer Beobachtung, dass Bären sich nach ihrem Winterschlaf erst einmal ihren Bauch mit diesem würzigen Kraut vollschlagen. Früher glaubte man, dass der Bär seine Kräfte beim Durchstreifen der Wälder bestimmten Pflanzen übertrug. Aus diesem Glauben heraus aßen dann auch die Menschen dieses Kraut, weil sie sich dadurch entsprechende Kräfte versprachen.

Achtung: Sollten Sie selbst einmal Bärlauch pflücken wollen, so gehen Sie bitte behutsam vor, da die Blätter dieses Krauts sehr denen der Maiglöckchen (Convallaria majalis) ähneln, welche nicht nur nicht schmackhaft, sondern auch noch giftig sind. Allerdings sind die „richtigen" Blätter leicht zu identifizieren: Pflücken Sie zunächst nur ein Blatt und reiben Sie es kurz zwischen Ihren Händen. Verströmt daraufhin der typische Knoblauchgeruch, handelt es sich um Bärlauch.

Der Bärlauch wächst vorwiegend an Waldrändern und in feuchteren, schattigen Gebieten, die beste Zeit zum Sammeln sind die Monate März bis Mai.

Verwendete Teile:
Alle Pflanzenteile

BALDRIAN (VALERIANA OFFICINALIS)

Baldrian wächst in seinen europäischen und nordasiatischen Ursprüngen an feuchten Gebieten wild. Er kommt in Mittel- und Osteuropa zum Anbau. Die Vermehrung der Pflanze erfolgt im Frühling durch Aussaat. Im Herbst werden Wurzeln und Rhizome von zweijährigen Pflanzen geerntet.

Baldrian kann nervöse Anzeichen wie Schwitzen, Zittern, Panikattacken und Herzklopfen verbessern. Bei Schlaflosigkeit aufgrund von Angstzuständen oder Überreizung eignet er sich ebenfalls sehr gut. Er reduziert psychische Überaktivität und leichte Erregbarkeit und unterstützt Menschen, die es schwer haben, abzuschalten. Darüber hinaus wirkt er bei nahezu allen Störungen, die durch Stress verursacht werden, und hat einen generell beruhigenden Effekt.

Verwendete Teile:
Blätter, Blüten und Wurzeln

BEIFUß, EINJÄHRIGER (ARTEMISIA ANNUA)

Bis vor Kurzem wurde dem Beifuß, einer bis zu 1 m hohen Pflanze mit beidseitig behaarten Blättern, wenig Beachtung geschenkt. Die Wirksamkeit dieser Heilpflanze und ihres Hauptwirkstoffs Artemisinin wurde durch wissenschaftliche Untersuchungen bestätigt. Artemisinin entwickelte sich schnell zu einem der wichtigsten Malariamedikamente. In der Chinesischen Medizin wurde sowohl der einjährige als auch der mehrjährige Beifuß (Artemisia vulgaris) besonders wirksam zur Behandlung von Malaria eingesetzt und zeigte keinerlei Nebenwirkungen. 1980 wurde dieses Phänomen in China untersucht, da diese Pflanze eine starke Aktivität gegen Plasmodium aufweist, den einzelligen Erreger, der diese Krankheit verursacht und durch Mücken auf den Menschen übertragen wird. Die erste Erwähnung dieser Pflanze findet sich in einem chinesischen Text aus dem Jahr 168 v. Chr. Traditionell galt diese Pflanze als Heilkraut, das bei der Bekämpfung der Sommerhitze hilft und diese erträglicher macht. Der Beifuß hat einen bitteren, kühlen Geschmack und wird daher zur Behandlung von hitzebedingten Krankheiten wie Fieber, Kopfschmerzen, Schwindel und Atembeschwerden eingesetzt. Es wird auch bei chronischem und nächtlichem Fieber und Schüttelfrost verwendet. Dabei kommen sowohl frische als auch getrocknete Blätter zum Einsatz.

Verwendete Teile:
Blätter, Blüten, Knospen und Triebe

BEINWELL (SYMPHYTUM OFFICINALE)

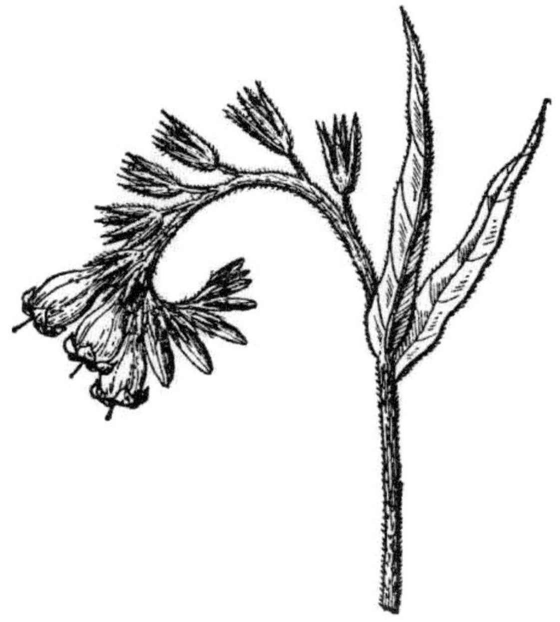

Beinwell, auch als Beinwurz oder Wallwurz bekannt, ist eines der ältesten Heilkräuter gegen Gelenkschmerzen, Muskelbeschwerden, Verstauchungen und Wundheilungsstörungen. Seine Wurzeln enthalten Wirkstoffe, die abschwellend und schmerzlindernd sind. Zudem wirken sie antibakteriell, durchblutungsfördernd, entzündungshemmend und fördern die Zellneubildung.

Bereits zu Zeiten der ägyptischen Königin Kleopatra verwendete ihr Arzt dieses Kraut und stellte einen Brei aus seiner Wurzel her, um Blutergüsse und Brüche zu behandeln. Es half bei Gliederschmerzen (nicht nur in den Beinen) und Geschlechtskrankheiten wie z. B. Gonorrhoe. Früher wurden sogenannte „Beinwell-Pflaster" auf Wunden gelegt, um die Heilung zu beschleunigen. Auch ‚modernere' Heilkundige, wie Hildegard von Bingen, wissen viel über die Heilkraft des Beinwells zu berichten.

Angewendet wird die Pflanze sowohl innerlich wie äußerlich und sie entfaltet ihre heilsame Wirkung auch bei Arthrose, blutigem Auswurf, Knochenbrüchen und Knochenmarkentzündungen, Lungenentzündungen, Quetschungen, Verrenkungen, Verstauchungen und Zerrungen.

Verwendete Teile:
Die ganze Pflanze

Bilsenkraut (Hyoscyamus)

Bilsenkraut ist ein psychoaktives Nachtschattengewächs. Es beeinflusst die menschliche Psyche und wurde bereits vor über 2.500 Jahren als Heilmittel verwendet. Die Einsatzgebiete waren vielfältig, doch aufgrund der hohen Giftigkeit konnte eine Überdosierung durchaus auch zum Tod führen. Dieses Wissen nutzten im Mittelalter die Bauern, um Schädlinge wie Mäuse und Ratten zu töten. Traditionell wird das Bilsenkraut heutzutage als Schmerzmittel (besonders bei Augenschmerzen) oder als Beruhigungsmittel eingesetzt.

Verwendete Teile:
Getrocknete Blätter und Samen

Brennnessel (Urtica dioica)

Urtica kommt aus dem Lateinischen (urere = brennen). Die Brennnessel wird schon seit geraumer Zeit nicht mehr als Unkraut angesehen und landet immer öfter in gesunden Gerichten auf dem Essenstisch.

Zunächst ist zu erwähnen, dass sie auch als „Stickstoffzeigerpflanze" bekannt ist. Das bedeutet, dass sie aufzeigt, dass es in der Gegend, in der sie vermehrt wächst, einen hohen Stickstoffanteil gibt. Ein kalt hergestellter Sud aus Brennnesseln und auch eine Brennnesseljauche eignen sich hervorragend als Mittel für Gartenpflanzen, um mögliche Schädlinge fernzuhalten oder zu vertreiben.

Viele Menschen scheuen sich, Brennnesseln zu sammeln, da ihre Nesseln gemäß ihrem Namen unterschiedlich stark brennen und sogar einen Hautausschlag hervorbringen können. Tatsächlich soll es helfen, ihre Blätter beherzt zu greifen. Auch belederte Handschuhe unterstützen Sie bei der Ernte, da die Brennhärchen nicht so leicht durchdringen können. Es ist von Vorteil, wenn Sie sich den jungen Blättern und Trieben widmen, da diese noch keine oder wenig Brennhaare besitzen, welche hauptsächlich an der Unterseite des Blattes wachsen.

Aufgrund der Verbesserung der Durchblutung eignen sich die Brennnessel und deren Samen daher auch hervorragend bei schmerzhaften Gelenk-, Rheuma- und Ischiasbeschwerden.

Verwendete Teile:
Blätter und Stängel

Rezept Brennnesselsud

Zutaten:
200 g Brennnessel
2 Liter Regenwasser

Zubereitung: Ziehen Sie dafür am besten Handschuhe an, um sich vor den Brennhärchen zu schützen. Schneiden Sie dann mit einer Gartenschere die Brennnesseln klein, legen Sie diese in einen hitzebeständigen Kunststoffeimer und lassen Sie sie ein paar Stunden anwelken. Bringen Sie dann das Regenwasser zum Kochen und gießen es über die Brennnesseln. Lassen Sie den Sud 24 Stunden stehen und rühren Sie ab und an um. Nach den 24 Stunden gießen Sie den Sud durch ein Küchensieb. Um nun Ihre Pflanzen damit zu besprühen, stellen Sie eine Lösung von 1 : 10 her, also 1 Teil Sud und 10 Teile Regenwasser. Sprühen Sie 3 Tage lang einmal täglich Ihre Pflanze damit ein.

Dost, Gemeiner (Origanum vulgare)

Bekannt unter dem Namen „**Oregano**“ oder auch „**Wilder Majoran**“, ist Dost ein vielseitig einsetzbares Gewürz und nicht nur in der italienischen Küche unverzichtbar. In der Naturheilkunde werden vor allem seine appetitanregenden, antibakteriellen, antiseptischen, antiviralen, auswurffördernden, desinfizierenden, krampflösenden und verdauungsfördernden Eigenschaften geschätzt. Hierfür werden die blühenden Sprossspitzen verwendet. Als Heilmittel wird Dost auch bei Ekzemen, Entzündungen im Mund- und Rachenraum, bei Husten und Keuchhusten genutzt.

Verwendete Teile:
Alle Pflanzenteile

Eberesche (Sorbus aucuparia)

Ihr zweiter Name „Vogelbeere“ weist darauf hin, dass Vögel ihre Früchte lieben. Zu Unrecht wird behauptet, dass ihre Beeren für Menschen giftig sind. Das Gegenteil ist der Fall, Sie sollten sie allerdings nicht roh genießen. Ihre Früchte sind reich an Provitamin A und an Vitamin C. Daher wurde diese Heilpflanze vorwiegend zur Behandlung von Erkältungen und Skorbut (eine Krankheit, bei der aufgrund von starkem Mangel an Vitamin C das Zahnfleisch verfault und die Zähne ausfallen) verwendet. Zudem besitzen die Gerbstoffe der Eberesche harntreibende und abführende Eigenschaften. Die roten Beeren gelten als Symbol für Feuer und Wärme. Ihre Samen enthalten allerdings Blausäure, die jedoch durch einen Kochvorgang zerstört werden. Angewendet werden ihre heilenden Wirkstoffe bei Blähungen, Durchfall, Sodbrennen und Verstopfung, zur Vorbeugung von Erkältungen, bei Entzündungen des Darms, der Haut, des Halses und der äußeren Schleimhäute und bei entzündlichen Erkrankungen der Atemwege (z. B. bei Lungenentzündungen). Die Früchte der Eberesche enthalten Tannine und wirken daher adstringierend, austrocknend, blutstillend und entzündungshemmend. Dies unterstützt die

Wundheilung. Außerdem zieht diese Heilpflanze den Darmtrakt zusammen und hilft auf diese Weise gegen Entzündungen des Dünndarms, gegen Gallensteine, Hämorrhoiden, bei Durchfall und bei Problemen mit der Blase und dem Harntrakt (Harnsteine, Blasen- und Harnröhreninfektionen) sowie bei Magen-Darm-Beschwerden.

Der gekochte Brei aus den Früchten der Eberesche regt die Verdauung an und hilft bei Gicht, Magenbeschwerden, Rheuma, Verstopfung und Unruhe. Ihre Beeren enthalten Sorbose (ein Monosaccharid mit sechs Kohlenstoff-Atomen) und dienen auch als Zuckerersatz. Er ist durchaus auch für Diabetiker geeignet. Heute wird dieser Stoff fast ausschließlich industriell produziert.

Verwendete Teile:
Blüten, Blätter und Früchte

EIBISCH, ECHTER (ALTHAEA OFFICINALIS)

Der Echte Eibisch gehört zu den Malvengewächsen und vor allem in der Antike galt die Malve sylvestris (der Wilde Eibisch) bereits als Heil-, Nutz- und Gemüsepflanze. Zur Zeit des römischen Kaisers Tiberius (14 bis 37 n. Chr.) gingen die Ärzte davon aus, dass die Malvensamen die Lust des Mannes bis ins Unendliche steigern könnten. Man streute sie deshalb über die Genitalien und erhoffte sich, dass dieses Schwellkraut, wie es auch genannt wurde, seine Wirkung tat. Oral eingenommen, galt es auch bei Frauen als sehr starkes Aphrodisiakum. Wurde der Eibisch verräuchert, so sollten die Damen Fruchtbarkeit erlangen und gesunde Kinder gebären. Auch schützte die Pflanze in einer Räuchermischung mit anderen Kräutern (Weißer Salbei und Wacholder) vor Krankheiten. In der heutigen Zeit wird das Heilkraut ebenfalls sehr vielseitig genutzt, denn es besitzt entzündungshemmende, reizlindernde und leicht abführende Eigenschaften. Seine Blätter werden als Aufguss zubereitet und dienen zur Linderung bei Sonnenbrand. Der Echte Eibisch hat auswurffördernde Fähigkeiten und hilft daher großartig bei Bronchitis, Halsinfektionen und als Hustenmittel. Zudem werden seine abgekochten Wurzeln zur Behandlung von Abszessen, Furunkeln und Brusterkrankungen eingesetzt. Äußerlich wird Eibisch bei Ekzemen, Furunkeln und Insektenstichen angewendet.

Verwendete Teile:
Blätter, Blüten und Wurzeln

Eisenhut, Blauer (Aconitum variegatum)

Der Blaue Eisenhut ist ein Hahnenfußgewächs und enthält äußerst giftige Substanzen, die Übelkeit und Herzrhythmusstörungen sowie Kreislaufprobleme hervorrufen können. Zu seinen Inhaltsstoffen gehören Aconitin (ein Gift, das stärker wirkt als Strychnin) und andere Alkaloide. Bereits 2 g seiner Wurzel können für den Menschen tödlich sein. Aus diesem Grund wird der Eisenhut nur äußerlich auf unverletzter Haut, z. B. bei schmerzenden Druckstellen, angewendet.

In potenzierter Form wirkt der Eisenhut über das Nervensystem auf den gesamten Organismus. Eingesetzt wird er in der Homöopathie unter anderem bei Gicht, Ischias-Schmerzen und Neuralgien, da er eine schmerzlindernde Wirkung hat. Er hilft bei Erkältungskrankheiten wie Schnupfen und Bronchialkatarrh sowie gegen Entzündungen im Verdauungstrakt, gegen Fieber und Schlaflosigkeit. Vorbeugend wird er auch bei verschiedenen Herzleiden eingesetzt.

Verwendete Teile:
Wurzeln

Eisenkraut, Echtes (Verbena officinalis)

Auch bekannt als Druiden- oder Opferkraut, findet diese Pflanze Anwendung bei Blutarmut, Erkrankungen der Harnwege, Fieber, Gallenbeschwerden, Halsschmerzen, Katarrhen, Kopfschmerzen, Leberschwäche, Mundschleimhautentzündungen, nervösen Beschwerden, Sodbrennen und Zahnfleischbluten. Vor allem als Phytotherapeutikum soll das Eisenkraut zu einem ruhigen Schlaf verhelfen. Seitdem die Phytotherapie in den vergangenen Jahren immer mehr Interesse findet und in der Naturheilkunde einen wichtigen Platz einnimmt, wurde auch das Eisenkraut wieder „modern“.

Verwendete Teile:
Blätter, Blüten und Stängel

ENGELWURZ, ECHTER (ANGELICA ARCHANGELICA)

Der Echte Engelwurz gilt als bewährtes Mittel, meist in Form von Tee, gegen Blähungen, Darmerkrankungen, Hepatitis, Koliken, Magenverstimmungen und Sodbrennen. Er ist appetitanregend, verdauungsfördernd, stärkt den Kreislauf und verbessert die Durchblutung. Als Zusatz in einem Bad wirkt die Pflanze besonders entspannend.

Verwendete Teile:
Wurzelstock und Wurzeln

EUKALYPTUS, GEWÖHNLICHER (EUCALYPTUS GLOBULUS)

Schon die australischen Ureinwohner wussten diese Pflanze und seine ätherischen Öle gerade bei Erkältungskrankheiten wie Fieber, Husten, Halsschmerzen und Infektionen zu schätzen. Für Koalabären gelten Eukalyptusblätter als Hauptnahrungsmittel. Nebst Rinde verspeisen sie etwa 500 g täglich! Andere Tiere halten sich jedoch eher zurück, da die Blätter viele Toxine enthalten, die von ihrem Organismus nicht verarbeitet werden können. Selbst für uns Menschen sind sie roh ungenießbar.

Verwendete Teile:
Getrocknete Blätter und ätherisches Öl

Fenchel, Wilder (Foeniculum vulgare)

Neben dem bekannten Gemüsefenchel (Foeniculum azoricum) und dem Gewürzfenchel (Foeniculum dulce) findet der Wilde Fenchel seine besondere Bedeutung eher als Heilpflanze. Genutzt wird hauptsächlich sein Samen, der jedoch auch giftige Substanzen enthält, weswegen seine Einnahme in keinem Fall eine ärztlich empfohlene Dosis überschreiten sollte.

Vor allem im Mittelalter wurde er bereits zur Linderung von Verdauungsbeschwerden genutzt. So hilft Fenchel dabei, Entzündungen zu lindern, denn sein Öl wirkt nicht nur verdauungsfördernd, sondern auch krampflösend. Junge Mütter trinken auch heute noch gerne Fencheltee, da er die Milchbildung fördert. Da der Fenchel sehr beruhigend wirkt, hat er auch eine entsprechend positive Wirkung bei Menschen mit Angstzuständen und Depressionen.

Verwendete Teile:
Früchte, Samen und Wurzeln

Fingerhut, Roter (Digitalis purpurea)

Seine Blüten machen ihn zu einer der schönsten Gartenpflanzen und sind bei den Bienen sehr beliebt. Für den Menschen ist die Pflanze bei einer Überdosierung (es reichen bereits zwei Blätter) jedoch hochgiftig und tödlich. Im Volksglauben galt auch Digitalis als Mittel gegen den „bösen Blick“. Schon früher wurde das Kraut gegen Geschwüre und Schwellungen verwendet. Innerlich in kleinsten Dosierungen eingenommen, half es unter anderem gegen Kopfschmerzen. Seine Blätter enthalten Digoxin. Dies sind Herzglykoside, welche in der heutigen Zeit als ein wichtiges Mittel bei entsprechender Dosierung gegen Vorhofflimmern eingesetzt werden. Die Blätter sind auch heute noch ein gutes Hausmittel gegen Erbrechen und unterstützen das bessere Abhusten bei Verschleimungen, besonders bei Bronchitis.

Die getrockneten Blätter von Fingerhut dienen als Basis für verschiedene offizielle Arzneidrogen und dürfen nur unter ärztlicher Kontrolle eingenommen werden.

Verwendete Teile:
Alle Pflanzenteile

Frauenmantel, Gewöhnlicher (Alchemilla vulgaris)

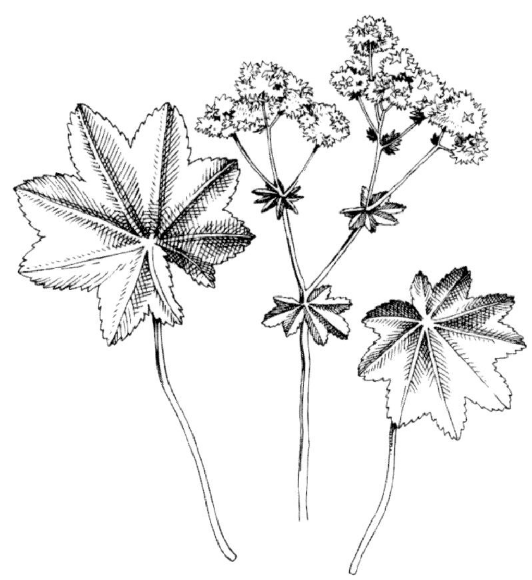

Abgeleitet wurde der Name von dem arabischen Wort alkemelych (Alchemie), da die Alchemisten damals versuchten, mithilfe der Tautropfen, den sogenannten „Guttationstropfen" oder auch „Sonnentau", Gold zu gewinnen. Sie sahen die Tropfen als von der Pflanze gefiltertes und verfeinertes Wasser, das einem natürlichen Destillat gleichkam, und verwendeten es zur Bereitung des „Steins des Weisen". Dieser „Stein der Weisen" galt im Mittelalter als geheimnisumwobene Substanz, die angeblich unedle Metalle in Gold verwandeln sollte und jede Krankheit in Gesundheit.

Den heutigen Namen „Frauenmantel" bekam das Kraut, weil es angeblich dem Umhängemantel der Heiligen Jungfrau Maria ähnelt. Außerdem wurde und wird die Pflanze, die im Volksmund als „Aller Frauen Heil" bezeichnet wird, auch heute noch bei vielen Frauenleiden eingesetzt. So war schon damals bekannt, dass dieses Kraut Blutungen stillen, Geburtswunden schließen und bei Menstruationsbeschwerden nützlich sein kann. Ein aus ihren Blättern zubereiteter Tee lindert Unterleibskrämpfe, stärkt aufgrund der enthaltenen Phystosterine die weiblichen Organe und erhält die Potenz. Phystosterine sind bioaktive Substanzen mit gesundheitsfördernder Wirkung. Ihnen werden zum einen cholesterinsenkende und somit antiatherogene, aber auch antikarzinogene Eigenschaften zugesprochen.

Verwendete Teile:
Blühendes Kraut

GALGANT (ALPINIA OFFICINARUM)

Galgant wärmt die inneren Organe des Körpers und beruhigt den Verdauungsprozess. Es hat einen duftenden, leicht würzigen Geschmack, geeignet für alle Erkrankungen, bei denen der Mittelteil des Körpers viel Wärme benötigt. Hildegard von Bingen betrachtete es als die Würze des Lebens, die Gott zum Schutz vor Krankheiten gegeben hatte.

Galgant hat antibakterielle Eigenschaften und ist äußerst wirksam im Kampf gegen Pilzinfektionen. Es wird auch bei Blähungen, Verdauungsstörungen, Erbrechen und Magenbeschwerden eingesetzt. Als Aufguss kann es zur Behandlung von Mundgeschwüren und Zahnfleischschmerzen eingesetzt werden.

Verwendete Teile:
Wurzelstöcke

GINKGO (GINKGO BILOBA)

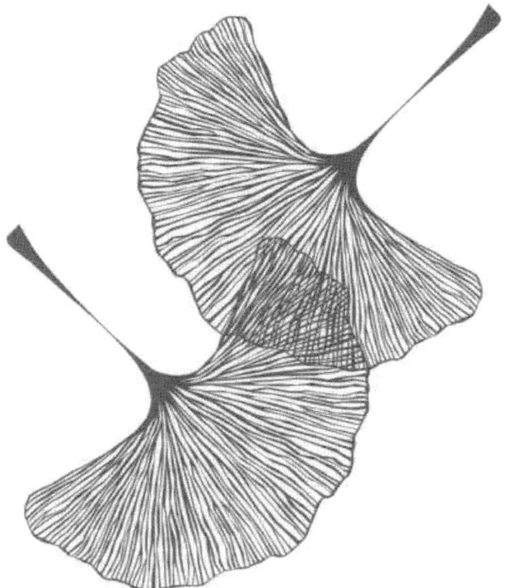

Der Ginkgo biloba ist ein bis zu 30 m hoher Laubbaum mit einem oder mehreren Hauptstämmen und ausladenden Ästen. Der Ginkgo ist Teil einer Baumgruppe, die schon vor rund 190 Millionen Jahren auf der Erde wuchs. Seine therapeutische Wirkung wurde erst später erforscht, obwohl er schon lange als Arznei in seiner chinesischen Heimat verwendet wird. Bei schwachem Kreislauf werden die Blätter oder ihre Extrakte genutzt, um den Blutfluss zum Gehirn zu fördern. Ginkgo ist außerdem ein nützliches Heilmittel bei Asthma und anderen allergischen Beschwerden.

Der Ginkgo, ursprünglich ausschließlich in China beheimatet, wird heutzutage vorwiegend in Frankreich und South-Carolina (USA) angebaut. Seine Blätter sind grün bis gelb und haben gegabelte Blattnerven. Die Früchte sind etwa 3 cm groß und rund. Die Ernte von Blättern und Früchten ist im Herbst.

Seine bemerkenswerte Fähigkeit, den Kreislauf zu verbessern, besonders bei Durchblutungsmangel im Gehirn, sowie seine antiallergene und entzündungshemmende Wirksamkeit, die ihn zu einem besonders guten Mittel gegen Asthma machen, sind Gegenstand des westlichen Interesses am Ginkgo. Diese Heilpflanze wird oftmals auch zur Steigerung der Gedächtnisleistung und zur Reduktion der Schlaganfallgefahr angewendet. Nach einem Schlaganfall kann er den Kreislauf und die Regeneration des Nervengewebes fördern.

Verwendete Teile:
Blätter

Ginseng, Echter (Panax Ginseng)

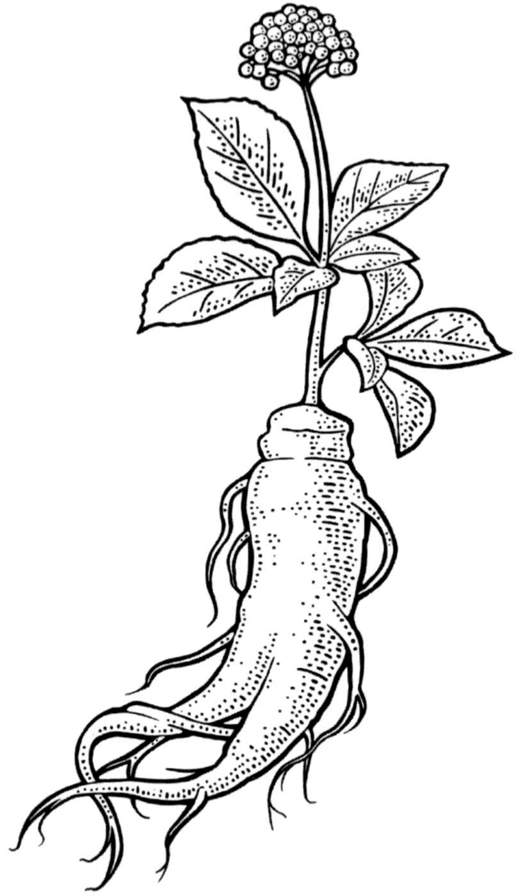

Ginseng gehört zu jenen Heilpflanzen, die sich vor allem bei älteren Menschen immer größerer Beliebtheit erfreuen, denn er verspricht die Erhöhung der Ausdauer, Widerstandskraft und Vitalität. Verwendet wird ausschließlich die Wurzel. Bereits vor über 7.000 Jahren war diese Pflanze schon sehr begehrt, u. a. auch, weil sie damals als Aphrodisiakum galt. Ginseng steigert durch seine Trägerstoffe wie Noradrenalin und Serotonin die Aktivität des zentralen Nervensystems und erhöht die Aufmerksamkeit und Konzentration.

Verwendete Teile:
Wurzeln

Goldrute, Echte (Solidago virgaurea)

Bereits im Mittelalter wurde die Echte Goldrute vorwiegend bei Harnwegs- und Nierenbeschwerden, Magen-Darm-Infekten und zur Wundbehandlung eingesetzt. Außerdem fördert sie die Ausscheidung von Blasen- und Nierensteinen und gilt als appetitanregendes Kraut. Zur Anwendung kommen – wie auch bei der **Kanadischen Goldrute** (Solidago canadensis) – vorwiegend die blühenden Sprossspitzen. Naturvölker wie die Navajo-Indianer haben sie nicht nur medizinisch eingesetzt, sondern auch ihre Wolle damit gefärbt.

Verwendet wurde vor allem die kanadische Sorte bei Insektenstichen und Schlangenbissen. Dafür wurde das zerriebene Kraut einfach auf die betroffene Hautpartie aufgetragen. Und war eine Halsentzündung im Anmarsch, werden noch heute die Blüten und Blätter dieser Pflanze gekaut. Als Erste-Hilfe-Maßnahme dient das Kraut auch bei unangenehmem Juckreiz.

Verwendete Teile:
Blätter, Blüten und Stängel

Gundermann (Glechoma hederacea)

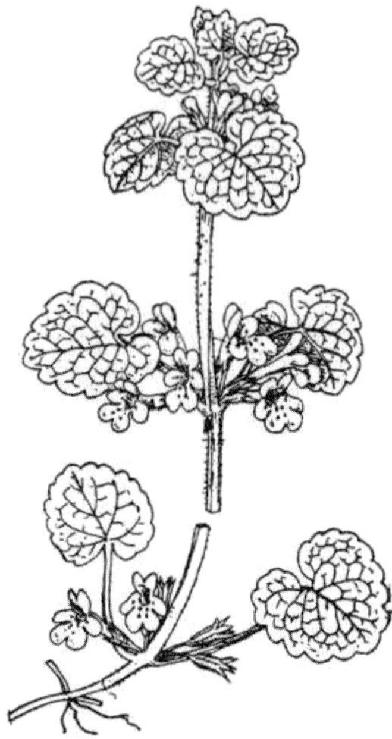

Auch bekannt als Gundelrebe, gehört Gundermann zur Familie der Lippenblütler. Wegen seiner entzündungshemmenden Eigenschaften können sowohl die Blätter als auch die Stängel bei Atemwegsbeschwerden (wie Bronchitis, Husten, grippale Infekte), bei Magenschleimhautentzündungen, Verdauungsbeschwerden (wie Darmbeschwerden, Durchfall und Magenkrämpfen etc.) sowie bei eitrigen Wunden, die nicht abheilen wollen, angewendet werden. Äußerlich angewendet, wirkt Gundermann adstringierend, antibakteriell, antioxidativ, harntreibend, hustenstillend und wundheilend. Daher wird er bei Behandlungen gegen Ausschläge, Ekzeme, Furunkel und Gicht eingesetzt. Bei nässenden Wunden hilft ein wohltuendes Bad mit dieser Pflanze. Ihre Blütenessenz unterstützt auch bei seelischen Wunden und kann auf ihre ganz eigene Weise auch uralte Traumata lösen.

Verwendete Teile:
Blätter und Blüten

Achtung: Aufgrund des enthaltenen Bitterstoffs Glechomin (er wirkt bei Pferden und anderen Huftieren giftig!) sollte Gundermann immer nur in kleinen Dosen innerlich angewendet werden, da er Übelkeit auslösen kann.

HOLUNDER (SAMBUCUS NIGRA)

Der Holunder ist ein bis zu 10 m hoher Baum mit weißen Blüten und blauschwarzen Beeren. Mit dem Holunderbaum gibt es mehr Überlieferungen als mit jeder anderen Pflanze in Europa, außer der Alraune. In England galt das Abschneiden von Holunderzweigen als gefährlich, da man glaubte, dass der Geist des Holunders im Baum wohnt. Um die „Holunder-Mutter" zu beruhigen, war es daher notwendig, im Voraus beruhigende Verse zu sagen. Der Holunder ist ein wertvolles Mittel gegen Grippe und Erkältungen. Der in Europa beheimatete Holunder wächst in Wäldern, Hecken und Brachlandschaften. Er kommt fast überall in den gemäßigten Breiten vor und wird auch kultiviert. Die Vermehrung erfolgt im Frühjahr durch Steckhölzer. Die Blüten werden im Frühjahr und die Beeren im frühen Herbst geerntet.

Dank ihrer antiviralen Wirkung beugen Beeren Infektionen der oberen Atemwege vor und beschleunigen die Genesung. Die Blüten wirken schweißtreibend sowie fiebersenkend und machen die Schleimhäute von Nase und Rachen widerstandsfähiger gegen Infektionen. Sie werden bei chronisch laufender Nase, Ohrenentzündungen und Allergien verschrieben. Ein Holunderblütentee reduziert daher Erkältungs- und Grippesymptome.

Verwendete Teile:
Beeren, Blüten und Sprossspitzen

Ingwer (Zingiber officinale)

Der Ingwer ist eine bis zu 60 cm hohe mehrjährige Pflanze mit lanzettlichen Blättern und weißen oder gelben Blütenständen. Ingwer, das bekannte Gewürz, zählt zu den besten Arzneien, die es gibt. Seit Urzeiten wird er in Asien sehr geschätzt und im Mittelalter wurde sogar angenommen, dass die Pflanze direkt aus dem Garten Eden stammt. Aufgrund seiner wärmenden und entzündungshemmenden Eigenschaften ist er ein nützliches Heilmittel für verschiedene Gesundheitsprobleme, wie zum Beispiel Morgenübelkeit, Kopf- und Gelenkschmerzen sowie Verdauungsprobleme. Frischer Ingwer hat einen scharfen und zitronigen Geschmack.

Ingwer, der aus Asien stammt, wird in den Tropen überall angebaut. Bei der Vermehrung wird der Wurzelstock geteilt. Ingwer braucht einen fruchtbaren Boden und eine große Menge an Feuchtigkeit. Wenn die Pflanze 10 Monate alt ist, wird das Rhizom ausgegraben, eingeweicht und gelegentlich auch gekocht oder geschält.

Ingwer unterstützt vor allem bei Verdauungsproblemen wie Übelkeit, Blähungen und Koliken, Reisekrankheit und Schwangerschaftserbrechen. Durch seine antiseptischen Wirkstoffe kann der Ingwer auch bei Magen-Darm-Infektionen sowie bei bestimmten Formen der Lebensmittelvergiftung verwendet werden. Weiterhin machen die antiviralen Eigenschaften des Ingwers ihn zu einem bevorzugten Heilmittel für Grippe und Erkältungen, vor allem bei Husten und anderen Atemwegsbeschwerden. Aufgrund seiner Wärmewirkung erhöht er auch die Schweißsekretion und trägt so zur Senkung des Fiebers bei.

Verwendete Teile:
Knolle

Isländisch Moos (Cetraria islandica)

Trotz seines Namens handelt es sich hier weder um ein Moos noch um eine Pflanze im herkömmlichen Sinne. Das Isländisch Moos gehört zu den Flechten. Obwohl es wohl mittlerweile auch in den Schweizer Alpen zu finden ist, ist die aus Island stammende Heilflechte vorzuziehen, da die dort lebenden Naturwesen (vor allem die Elfe als auch die Trolle) sie bis zu ihrem Schnitt mit Argusaugen bewachten und so ihre Heilwirkung noch intensiviert wurde.

Therapeutisch lässt es sich zur Behandlung von Atemwegserkrankungen (wie Halsschmerzen, Heiserkeit, Husten) und bei Entzündungen des Magen-Darm-Trakts einsetzen. Diese Flechte besteht zu mehr als 50 % aus schleimbildenden Zuckermolekülen, die sich wie eine Schutzschicht über gereizte Schleimhäute im Mund, Rachen und Magen legen. Dadurch werden die angegriffenen Bereiche beruhigt. Weiterhin hemmt Isländisch Moos das Wachstum von Bakterien.

Verwendete Teile:
Flechtenkörper

Johanniskraut, Tüpfel- (Hypericum perforatum)

Das Johanniskraut ist eine bis zu 80 cm hohe mehrjährige Pflanze mit hellgelben Blüten in einer Trugdolde. Johanniskraut, das zum Zeitpunkt der Sommersonnenwende blüht, wurde schon im Mittelalter als magische Pflanze zur Vorbeugung von Krankheiten und Unheil betrachtet. Es wurde therapeutisch zur Heilung von Wunden und bei Niedergeschlagenheit eingesetzt. Das Kraut geriet im 19. Jahrhundert etwas in Vergessenheit, doch seine Wirksamkeit bei Depressionen und nervöser Erschöpfung ist mittlerweile wissenschaftlich nachgewiesen. Deshalb ist Johanniskraut eines der weltweit meistverkauften Kräuterarzneimittel.

Die Pflanze tritt in gemäßigten Zonen auf der ganzen Welt auf, da sie sonnige Standorte auf Kalkboden begünstigt. Samen oder die Teilung des Wurzelstocks im Herbst dienen der Vermehrung. Sprossspitzen werden geerntet, nachdem sich die Blüten geöffnet haben.

Johanniskraut wird als Tonikum des Nervensystems betrachtet. Deshalb wird es sowohl bei nervöser Erschöpfung als auch als Stimmungsaufheller verwendet. Auch im Falle von Winterdepressionen kann es hilfreich sein, genauso wie bei Schlafstörungen, Angstzuständen oder während der Wechseljahre.

Verwendete Teile:
Das ganze Kraut

Kamille, Echte (Matricaria Chamomilla)

Die Kamille ist eine einjährige, bis zu 60 cm hohe, süßlich-aromatische Pflanze mit fein zerteilten Blättern und weißen Blütenköpfchen. Bei vielen Verdauungsproblemen, nervösen Spannungen und Reizbarkeit eignet sich die Kamille hervorragend. Sie wird äußerlich für Ekzeme und wunde Haut verwendet.

Die Kamille ist in fast allen Regionen Europas und anderer gemäßigter Gebiete als wild wachsende oder kultivierte Pflanze weitverbreitet. Im Frühling bzw. Herbst werden die Samen gesät, während im Sommer die Blüten tagsüber geerntet werden, wenn sie geöffnet und die Wirkstoffe am stärksten sind. Seit dem 1. Jahrhundert wird Kamille bei Verdauungsbeschwerden verwendet. Sie ist mild und eignet sich daher auch für Kinder. Mit ihr werden Blähungen, Koliken, Verdauungsstörungen, Gastritis und Schmerzen behandelt. Es ist auch möglich, sie bei Reizdarm, Darmgeschwüren oder Morbus Crohn einzusetzen. Der enthaltende Wirkstoff hat eine Entspannungswirkung bei Muskelverhärtung und Menstruationsproblemen. Frauen im antiken Rom verwendeten Kamille gegen Menstruationskrämpfe. Außerdem fördert die Kamille den Schlaf, vor allem bei Kindern.

Verwendete Teile:
Blüten

Katzenkralle (Uncaria tomentosa)

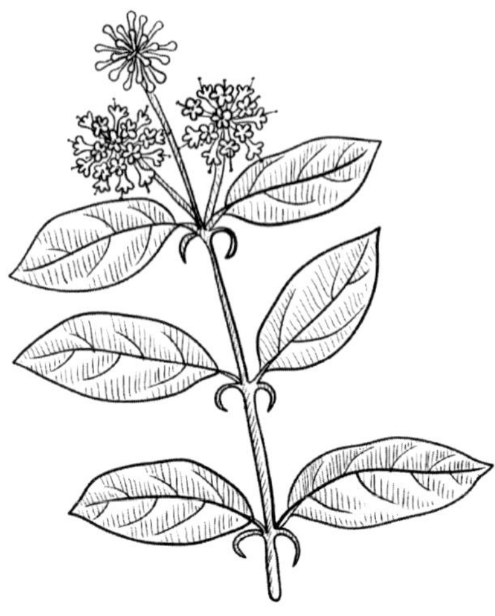

Die Katzenkralle, auch Katzendorn genannt, ist eine bis zu 30 cm lange, verholzte Liane mit einem Durchmesser von maximal 20 cm und großen, glänzenden Blättern. Keine andere Pflanze, die für medizinische Zwecke verwendet werden kann, hat in den letzten Jahren so viel Aufmerksamkeit erregt wie die Katzenkralle. In Peru, wo die Pflanze Anfang der 1970er-Jahre wiederentdeckt wurde, heißt sie Una de Gato, was „Katzenkralle" bedeutet. Ihren Namen verdankt sie den scharfen Dornen, die unterhalb der paarigen Blätter sind und Katzenkrallen ähneln. Die Art ist in den tropischen Wäldern der zentralen und östlichen Anden beheimatet, insbesondere in Zentral- und Ostperu, Ecuador und Kolumbien sowie in Guatemala, Costa Rica und Panama. Der am häufigsten, zumindest früher, verwendete Teil war die Wurzelrinde. Da das Überleben dieser Pflanze gefährdet ist, sollte nur noch die Stammrinde von Exemplaren aus Gebieten verwendet werden, in denen die Art noch häufig vorkommt.

Die Katzenkralle kann das Immunsystem stärken, genauso wie Echinacea, mit dem sie auch gut kombinierbar ist. Die Zellschädigungen, die häufig bei chronischen Degenerationskrankheiten auftreten, werden durch die antioxigene Wirkung des Krauts reduziert. Dies kann häufig dazu beitragen, die Symptome vom chronischen Müdigkeitssyndrom, Gelenkrheumatismus, Colitis ulcerosa oder Asthma zu lindern. Darüber hinaus wird die Pflanze auch verwendet, um Krebs vorzubeugen, insbesondere Brustkrebs, sowie um Nebenwirkungen einer Chemotherapie zu minimieren.

Verwendete Teile:
Stammrinde

Klette, Große (Arctium lappa)

In der westlichen und chinesischen Kräuterkunde ist die Klette eine der bevorzugtesten Heilpflanzen zur Entgiftung und wird daher bei toxischer Überlastung wie Hals- oder anderen Infektionen, Furunkeln und Ausschlägen sowie bei chronischen Hautproblemen eingesetzt. Die Wurzeln und Samen helfen bei der Beseitigung von Giftstoffen. Vor allem die Wurzeln gelten als wirksames Hilfsmittel bei der Beseitigung von Schwermetallen. Die Klette hat antibakterielle und antimykotische Eigenschaften, wirkt harntreibend, senkt den Blutzuckerspiegel und hat krebshemmende Eigenschaften. Die Samen haben entzündungshemmende und antioxidative Eigenschaften und schützen die Leber.

Verwendete Teile:
Blätter, Samen, Stängel, Triebspitzen und Wurzeln

Knoblauch (Allium sativum)

Der Knoblauch ist eine 30 bis 100 cm hohe Zwiebelpflanze mit blass rosa oder grün-weiß gefärbten Blüten. Ein ausgezeichnetes Kräuterarzneimittel, das bei gesundheitlichen Beschwerden ohne Gefahr angewendet werden kann, ist der Knoblauch, der für seinen starken Geruch und Geschmack bekannt ist. Auf diese Weise kann er eine Infektion der Atemwege verhindern, den Cholesterinspiegel senken und bei Kreislaufproblemen wie Bluthochdruck helfen. Die Senkung des Blutzuckerspiegels macht ihn zu einer nützlichen Ergänzung des Speiseplans für Menschen mit Altersdiabetes.

Zunächst war der Knoblauch in Zentralasien beheimatet, jetzt weltweit. Die Ausbreitung erfolgt durch Zwiebelteilung und im nächsten Spätsommer wird er geerntet. Knoblauch ist schon immer für seine außerordentlichen Heilkräfte bekannt gewesen. Bevor die Antibiotika entdeckt wurden, wurde er gegen Infektionen eingesetzt, die von Tuberkulose bis zu Typhus reichten.

Viele Infektionen der Atemwege, wie Erkältungen, Grippe, Ohrenentzündungen und Katarrhe, können mit Knoblauch behandelt werden. Er sorgt auch dafür, dass das Blut dünn wird, und hilft somit bei Kreislaufproblemen und verhindert Schlaganfälle. Er reduziert die Cholesterinwerte und den Blutdruck.

Verwendete Teile:
Knolle

KRESSE, GARTEN- (LEPIDIUM SATIVUM)

Die Gartenkresse und die Echte Brunnenkresse (Nasturtium officinale), auch Wasserkresse genannt, sind mit Sicherheit jedem ein Begriff, wenn es darum geht, Quarkspeisen, Salate, Soßen und Suppen mit ihrem würzigen Geschmack zu verfeinern. Doch wird dem Verzehr von Kresse auch eine Reihe von heilenden Wirkungen zugesprochen.

In der Traditionellen Indischen Heilkunst wird Kresse bereits seit Jahrtausenden eingesetzt, da sie Durchfall, Muskelschmerzen und Viren bekämpft und wirksam gegen Atemwegserkrankungen, wie z. B. Asthma, und auch gegen sexuelle Unlust und eine Schilddrüsenüberfunktion vorgeht. Diese Pflanze ist hervorragend geeignet, das Herz-Kreislauf-System zu unterstützen, sodass Thrombosen und Embolien reduziert werden. Dadurch sinkt das Risiko für Herzinfarkte und Schlaganfälle. Da Kresse eine harntreibende Wirkung hat, unterstützt sie den Körper beim Entgiften. Zudem ist sie sehr nährstoffreich und enthalt viel Eiweiß und Vitamin C. Durch den Verzehr von Kresse wird unser Körper mit dem wichtigen Spurenelement Jod versorgt. Jod wird von der Schilddrüse als wichtiger Baustein zur Bildung des Stoffwechselhormons Thyroxin benötigt. Dieses Hormon steuert zum einen die Energieversorgung im Körper, regt den Stoffwechsel an und unterstützt auch die Knochenbildung und Gehirnentwicklung. Die Senföle, die sich in der Kresse befinden, wirken harntreibend und desinfizierend. Das hindert mögliche Krankheitserreger daran, sich in Blase und Harnwegen festzusetzen. Darüber hinaus wird auch die Blase gestärkt und die Nierenfunktion verbessert. Verschiedene Pflanzenstoffe der Kresse erweitern die Gefäße. Auf diese Weise wird die Durchblutung gesteigert. Das sorgt für eine angenehme Körperwärme und beugt Kalkablagerungen vor, was wiederum vor Infarkt und Schlaganfall schützt. Weiterhin reguliert bzw. senkt Kresse den Blutzuckerspiegel – ein Fakt, der besonders für Diabetiker sehr interessant ist.

Verwendete Teile:
Keimlinge und Kraut

KÜMMEL, ECHTER (CARUM CARVI)

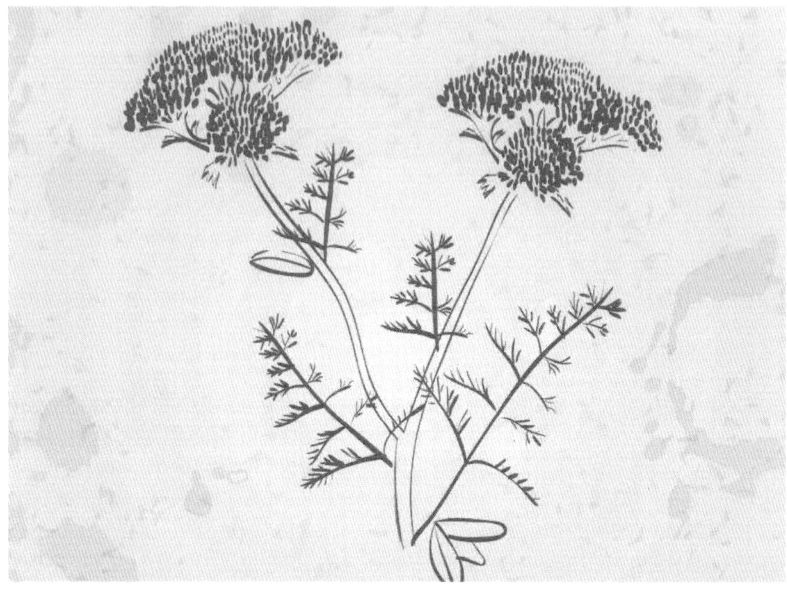

Meistens einfach nur Kümmel genannt, wird der Echte Kümmel wegen seines außergewöhnlichen Aromas überwiegend als Gewürz verwendet. Kreuzkümmel trägt übrigens den lateinischen Namen „Cumin" und hat ganz ähnliche Eigenschaften. Aber auch dieses Kraut wird genutzt, da es positive Auswirkungen auf den Magen-Darm-Trakt hat sowie bei Appetitlosigkeit und Kreislaufproblemen genutzt werden kann.

Entdeckt wurde die Pflanze bereits vor 5.000 Jahren bei Ausgrabungen alter Pfahlbauten. Durch ihre verdauungsfördernden Eigenschaften findet sie ihren Weg in der Küche vor allem in schwer verdauliche Mahlzeiten. Sie wirkt aber auch antiseptisch, beruhigend, harntreibend und krampflösend. Aus diesem Grund wird Kümmelöl auch sehr gern zum Einreiben des Unterleibs genutzt, wenn ein Neugeborenes oder Kleinkind unter Bauchschmerzen (z. B. Dreimonatskoliken) leidet. Weiterhin kann durch die Einnahme von Kümmel der Kreislauf gestärkt und die Verdauung reguliert werden. Die Durchblutung wird angeregt, Gallensäure wird vermehrt freigesetzt, die Magensaftproduktion wird positiv beeinflusst und die Milchproduktion wird, wie auch bei Fenchel, gefördert. Zudem kann die Pflanze hilfreich bei Blähungen, Gicht, Husten, Kopfschmerzen, Menstruationsbeschwerden, Rheuma, Sodbrennen, Verstopfung, Völlegefühl und Zahnschmerzen eingesetzt werden.

Verwendete Teile:
Samen

Kurkuma (Curcuma longa)

Auch bekannt als Gelbwurzel, ist Kurkuma eine Pflanzenart innerhalb der Familie der Ingwergewächse. Sie stammt aus Südasien und das Rhizom (die Wurzel) duftet ähnlich wie Ingwer, verfügt allerdings über einen schärferen Geschmack. Lange Zeit geriet Kurkuma in Vergessenheit, doch seit einigen Jahren erlebt diese Pflanze eine Renaissance, auch hier in Europa. Benutzt wird Kurkuma hauptsächlich zum Würzen von Speisen, es ist allerdings auch ein hervorragendes Mittel zur Behandlung von Arthrose und Arthritis und anderen entzündlichen Beschwerden. Es dient als Antiseptikum und viele Menschen schwören auch auf ihre Unterstützung, wenn es darum geht, das Gewicht zu reduzieren und Magen-Darm-Beschwerden auszukurieren.

Die Liste der Beschwerden und Krankheiten, bei denen dieses Allheilmittel helfen kann, ist tatsächlich sehr lang. Diese Gelbwurzel hilft bei Asthma, Angstzuständen und Depressionen, Bluthochdruck, Demenz, Diabetes, Entgiftungen, Entzündungen, Erkältungen und Grippe, Gicht, Haarausfall, Hauterkrankungen (Akne, Pickel und Falten), Heuschnupfen und Allergien, Kopfschmerzen, Multipler Sklerose (MS), Parkinson, Schuppenflechte, Sodbrennen, Rheuma, Zahnleiden und bei hohem Cholesterinspiegel sowie Narbenbildung.

Verwendete Teile:
Das Rhizom

Lavendel, Echter (Lavandula angustifolia)

Der Lavendel ist ein bis zu 1 m hoher Strauch mit spitz zulaufenden Hochblättern und blauvioletten Blüten. Obwohl der Lavendel aufgrund seines Duftes bekannter ist als aufgrund seiner therapeutischen Eigenschaften, ist er eine bedeutende Heilpflanze. Im späten Mittelalter erfreute er sich besonderer Beliebtheit als Arznei. Er ist eine der Heilpflanzen, die die ersten Siedler im Jahr 1620 in die Neue Welt brachten. 1640 schrieb der Pflanzenheilkundler John Parkinson, dass er für alle möglichen Kopf- und Gehirnschmerzen besonders geeignet ist.

Der Lavendel stammt ursprünglich aus Frankreich und dem westlichen Mittelmeerraum. Heutzutage wird er weltweit angebaut und als Gartenpflanze bis nach Norwegen angebaut. Die Vermehrung wird mittels Samen oder Stecklingen durchgeführt. Es ist notwendig, einen sonnigen Ort als Standort zu haben. Im Hochsommer werden die Blüten morgens gepflückt, getrocknet oder zum Destillieren des ätherischen Öls verwendet.

Mit einem Lavendel-Antiseptikum können Verbrennungen, Wunden und Ausschläge behandelt werden. Es ist in der Lage, Insektenstiche, Krätze, Kopfläuse und Kopfschmerzen zu behandeln. Muskelverspannungen werden durch einige Tropfen im abendlichen Bad bekämpft, die Nerven werden gestärkt und ein besserer Schlaf gefördert.

Lavendel ist außerdem bekannt dafür, dass es beruhigend ist. Bei Schlaflosigkeit, Reizbarkeit, Kopfschmerzen und Migräne wird er gerne mit anderen sedativen Kräutern vermischt. Man setzt ihn auch bei Depressionen ein.

Verwendete Teile:
Blätter und Blüten

LÖWENZAHN (TARAXACUM OFFICINALE)

Löwenzahn gehört zu den Korbblütlern und ist vielen von uns als Butterblume, Wilde Zichorie oder – in einem späteren Stadium – als Pusteblume bekannt. Er wird schon seit Jahrhunderten zur Behandlung von Galle- und Leberleiden eingesetzt. Zudem hilft die Pflanze aber auch bei Fieber und Verdauungsbeschwerden. In der heutigen Zeit findet Löwenzahn immer mehr Einzug in die europäische Küche und seine Wurzel wurde nicht nur in Notzeiten als Kaffee-Ersatz genutzt. Löwenzahn gehört zu den wenigen Wolfsmilchgewächsen, die nicht giftig sind. Trotzdem sollte man die Berührung mit seinem weißen Milchsaft, der sich vorwiegend in den Stängeln befindet, meiden, da er vor allem bei sensibler Kinderhaut Reizungen hervorrufen kann.

Ausnahme: Für eine äußerliche Anwendung kann der weiße Milchsaft direkt auf spezielle, problematische Hautstellen mehrmals täglich aufgetragen werden, wie z. B. auf Hühneraugen, Hornhaut, Insektenstiche, juckende Stellen und auf Warzen. Optional können Sie den kompletten frischen Löwenzahn auch mit ein wenig Wasser zu Brei mischen und dann auf die betroffenen Stellen auftragen.

Diese Pflanze ist wahrlich ein Tausendsassa, denn sie wirkt antidiabetisch, antioxidativ, blutdrucksenkend, choleretisch (also den gallenflussfördernd), entzündungshemmend, krampflösend, entgiftend, regt den Stoffwechsel an, schützt die Leber, unterstützt die Nierenfunktion, löst Verspannungen (vor allen Dingen die Blütenessenz) und stärkt die Darmflora. Außerdem wird ihr nachgesagt, dass sie Gicht heilen kann und den kontrollierten Selbstmord von Krebszellen fördert (Apoptose).

Therapeutisch und präventiv eingesetzt, hilft Löwenzahn bei Adipositas (Übergewicht), Appetitlosigkeit, Blähungen, Diabetes (Typ 2), Sodbrennen und Verdauungsbeschwerden. Zudem unterstützt er uns dabei, aufgestaute Wut zu verarbeiten.

Verwendete Teile:
alle Pflanzenteile

MARIENDISTEL (SILYBUM MARIANUM)

Auch bekannt als Christi Krone, Silber- oder Fieberdistel, verdankt die Mariendistel ihren Namen den typischen weißen Zeichnungen auf ihren Blättern, bei denen es sich Überlieferungen zufolge um die Milch der Jungfrau Maria handeln solle, die auf ihre Blätter tropfte. Ihre Samen werden medizinisch vor allem bei Magen-Darm-Erkrankungen (wie z. B. Bauchschmerzen, Blähungen, Sodbrennen, Übelkeit und Völlegefühl), Knochenerkrankungen (Osteoporose), bei Pilzinfektionen, zur Entgiftung und Stärkung der Leber, zur Anregung von Gallensekretion sowie zur Stärkung der Abwehrkräfte und des kompletten Immunsystems verwendet. Diese Art der Distel wird jedoch auch antioxidativ, antiviral (zur Hemmung von Viren), appetitanregend, entzündungshemmend und fiebersenkend eingesetzt und zur Senkung von hohen Cholesterinwerten. Hinzu kommt, dass ihr Wirkstoff Silymarin sich schützend auf die Gehirnzellen auswirkt. Der Mariendistel wird nachgesagt, dass auch sie das Wachstum von Krebszellen verhindert. Auf psychischer und physischer Ebene unterstützt sie bei der Entgiftung des Körpers, sorgt für allgemeines Wohlbefinden und wirkt sich positiv auf die Stimmung aus. Die Leber ist jenes Organ, das mit Stimmungen wie Melancholie in Zusammenhang gebracht wird. Leidet ein Mensch zum Beispiel unter Depressionen, sollte seine Leber deshalb stets mitbehandelt werden. Das kann auch mithilfe der Mariendistel erfolgen, die positive Wirkungen auf die Leber hat.

Verwendete Teile:
Samen

Melisse (Melissa officinalis)

Auch als Bienenkraut, Frauenwohl, Herztrost oder Zitronenmelisse bekannt, ist die Melisse besonders bei den Imkern beliebt, da ihr Zitronenduft Bienen anzulocken vermag. Sie gilt aufgrund ihrer zahlreichen Eigenschaften jedoch auch als begehrtes Heilkraut. Das lateinische Wort „melissa“ bedeutet übrigens „Biene“. Dieses aromatische Gewächs wirkt – je nach Medikation – sowohl anregend als auch entspannend, antibakteriell, aufmunternd, beruhigend, krampflösend, kühlend, pilzabwehrend, schmerzstillend, schweißtreibend, stressreduzierend, verdauungsfördernd und virenhemmend. Genutzt werden vorwiegend ihre Blätter und die blühenden Sprossen. Eingesetzt wird die Melisse in der traditionellen Heilkunde vorwiegend bei Frauenbeschwerden (Menstruationsschmerzen, prämenstruellen Syndromen), die mit Depressionen und Stimmungsschwankungen einhergehen können, sowie bei Schilddrüsenüberfunktion und Schlafstörungen. Bei Kindern wird sie hauptsächlich gegen Bauchschmerzen genutzt.

Melisse enthält ätherische Öle, Gerbstoffe sowie Kaffee- und Rosmarinsäure, dadurch wirkt sie stimmungsaufhellend. Dies ist wohl auch der Grund, warum ihr nachgesagt wird, dass sie trübe Stimmungen vertreibt und unsere Seele aufhellt.

Verwendete Teile:
Blätter

MINZE, GRÜNE (MENTHA SPICATA)

Die Grüne Minze gehört zu den Lippenblütlern und ist wohl eine der bekanntesten Teepflanzen überhaupt. Die **Pfefferminze** (Mentha piperita), die vorwiegend krampflösende Eigenschaften aufweist, findet sich geschmacklich sehr oft in Kaugummi und Zahnpasta wieder. Die Grüne Minze wirkt erfrischend und wird in der Naturheilkunde zusätzlich wegen ihrer antiseptischen, blähungstreibenden, leicht schmerzstillenden, schweißtreibenden und verdauungsfördernden Eigenschaften geschätzt.

Das Menthol, das in der Minze enthaltene ätherische Öl, wirkt gerade bei Spannungskopfschmerzen ausgezeichnet und kann Arzneimittel wie Paracetamol in jedem Fall ersetzen. Durch die hohe Konzentration von Menthol wirkt das Öl betäubend. Es hemmt die Botenstoffe Serotonin (ein Neurotransmitter) und Substanz P (bewirkt eine starke Erweiterung der Blutgefäße und steigert die Durchlässigkeit der Gefäßwand), welche überhaupt erst Kopfschmerzen hervorrufen.

Weitere Anwendungsgebiete dieses Krauts sind Blähungen, Bronchitis, Durchfall, Erkältungen und grippale Infekte, Fieber, Husten, Kopfschmerzen, Krämpfe, Migräne, Mundgeruch, Herzschwäche, Rheuma, Schnupfen, Übelkeit und Magen-Darm-Leiden, Reizdarm, schlecht verheilende Wunden und eine verstopfte Nase.

Verwendete Teile:
Blätter

Mistel, Weißbeerige (Viscum album)

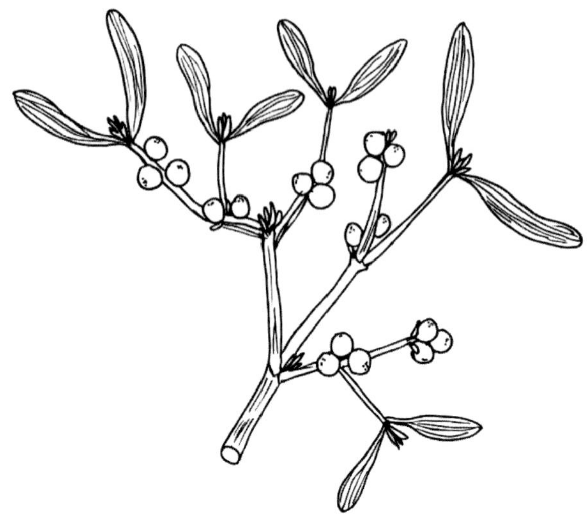

Die Mistel ist eine parasitische, immergrüne Pflanze, die auf dem Wirt bis zu 3 m Durchmesser erreicht. Mit ledrigen Blättern, 3 bis 5 gelblichen Blüten in den Blattachseln und weißlicher, klebriger Frucht. Seit alter Zeit ist die Weißbeerige Mistel als Heilpflanze bekannt. Sie wurde innerlich bei Epilepsie, Milzerkrankungen und Frauenleiden eingenommen. Weiterhin wurde sie bei Wunden und Geschwüren äußerlich angewendet. Dioskurides und Plinius der Ältere schrieben im ersten Jahrhundert, dass die Mistel in der Lage sei, Geschwüre zu erweichen und zur Reifung zu bewegen.

Heimisch ist die Mistel in Europa und Nordasien und wächst auf Laub- und Nadelbäumen, die Laubholzmistel auf Apfelbäumen und Pappeln. Geerntet wird sie im Herbst.

Die Mistel dient der Senkung des Blutdrucks und der Herzfrequenz sowie der Linderung von Schlafproblemen und Angstzuständen. Bei geringer Dosierung kann sie auch bei Kopfschmerzen, Panikattacken und Konzentrationsschwäche helfen. Bei Ohrgeräuschen (Tinnitus) und epileptischen Anfällen sowie bei Überaktivität bei Kindern wird Mistel ebenfalls verabreicht. Mistelextrakte werden in homöopathischer und anthroposophischer Medizin verwendet, um Krebserkrankungen zu behandeln.

Verwendete Teile:
Blätter und Stiele

MOHN, SCHLAF- (PAPAVER SOMNIFERUM)

Der Schlafmohn wird schätzungsweise bereits seit über 4.000 Jahren genutzt und gehört somit zu einer der ältesten Heilpflanzen, die derzeit bekannt sind. Er ist nicht nur eine beliebte Zutat in Gebäck, sondern ist vor allem eine Heilpflanze mit einer sehr starken Wirkung. Dieser Mohn wird, im Vergleich zum Klatschmohn (Papaver rhoeas), vorwiegend bei körperlichen Beschwerden angewendet, da er wesentlich stärkere Wirkstoffe enthält. Der wohl bekannteste Inhaltsstoff ist Opium, das hauptsächlich im Milchsaft dieser Pflanze zu finden ist. Gewonnen wird das Rohopium übrigens aus dem getrockneten Milchsaft. Das bekannte Rauschmittel kann bei übermäßigem Genuss und dauerhafter Einnahme starke, bleibende Schäden anrichten und abhängig machen. Wird es jedoch nur vorübergehend eingenommen, so hat Mohn eine durchaus beruhigende und betäubende Wirkung. Aufgrund des Missbrauchs von Opium unterliegt der Gebrauch strengen gesetzlichen Bestimmungen und darf keinesfalls frei angebaut werden. Angewendet wird dieses Heilkraut u. a. bei Epilepsie, hohem Blutdruck, Depressionen, Hustenkrämpfen, Schlafstörungen, Schmerzen und Verkrampfungen. Im Vergleich zum Schlafmohn werden bei dem **Klatschmohn** vorwiegend die rot leuchtenden Blütenblätter statt des isolierten Milchsafts verwendet. Er ist ein eher leichtes Beruhigungs- und Schlafmittel und wurde damals sogar Kindern verabreicht. Mittlerweile dürfen Medikamente, die Klatschmohn enthalten, jedoch auch nur unter ärztlicher Aufsicht eingesetzt werden.

Verwendete Teile:
Saft der Samenkapsel

MÖNCHSPFEFFER (VITEX AGNUS-CASTUS)

Sein Name hat tatsächlich eine tiefgreifende Bedeutung, denn in der Antike galt Mönchspfeffer als Keuschheitssymbol, da er angeblich in der Lage war, die sexuellen Begierden der Mönche zu unterdrücken. Allerdings war hierbei auf die richtige Einnahme zu achten, denn nur eine hohe Dosis hemmte die Libido; eine geringe Dosis steigerte diese. Frauen unterstützte dieses Heilkraut bei ihren Menstruationsbeschwerden und während der Menopause.

Heutzutage ist bekannt, dass Mönchspfeffer ebenso in der Lage ist, den Zyklus der Frauen zu regulieren, um bei Kinderwunsch eine Schwangerschaft herbeizuführen. Das in ihm enthaltene Hormon Prolaktin ist hervorzuheben, denn es leistet seinen Beitrag, um in der Schwangerschaft die Brustdrüsen wachsen zu lassen, unterstützt die Milchsekretion in der Stillzeit und löst bei den werdenden Müttern den sogenannten Nesttrieb aus. Mönchspfeffer leistet somit einen sehr wichtigen Beitrag, um die Produktion sowie die Ausschüttung der verschiedenen Hormone zu normalisieren bzw. zu regulieren.

Verwendete Teile:
Blätter und Früchte

Nachtkerze, Gewöhnliche (Oenothera biennis)

Wer kennt sie nicht, diese zauberhafte Pflanze, die erst in der Dunkelheit ihre wahre Schönheit entfaltet, wenn sich im Schein des Mondes ihre großen gelben Blüten prachtvoll öffnen und ihren typisch prägnanten Geruch verströmen?

Das Gerücht, dass die Nachtkerze giftig sein soll, hält sich hartnäckig, doch behält auch dieses Kraut besonders bei Hautproblemen wahre Zauberkräfte bereit. Es bekämpft Akne, beruhigt trockene Haut, beugt Hautirritationen vor, schützt vor frühzeitiger Hautalterung und lindert Beschwerden, die vor allem in den Wechseljahren auftreten können. Dieses natürliche Heilmittel wird sowohl in der Forschung als auch in der Kosmetikbranche (wie z. B. bei Hautpflege-Produkten) immer beliebter.

Bei rheumatischen Erkrankungen wird die Pflanze in Form von Umschlägen eingesetzt. Weiterhin bietet sie therapeutische Anwendung bei Husten- und

Verdauungsbeschwerden. Die Nachtkerze ist hauptsächlich wegen ihres kostbaren Öls bekannt. Dabei können auch ihr Blattgrün und ihre Wurzeln verzehrt werden. Ihr Öl, das auch über Vitamin E verfügt, ist besonders wertvoll für unsere Gesundheit. In ihrem Samen sind wertvolle Gamma-Linolensäure und mehrfach ungesättigte Omega-6-Fettsäuren enthalten. Diese Fettsäuren stärken die Hautbarriere und wirken entzündungshemmend. Im Übrigen sind sie für die Aufrechterhaltung der Gehirnfunktionen zuständig, haben positive Auswirkungen auf Krankheiten wie Neurodermitis oder einen zu hohen Blutdruck und unterstützen ebenso bei Beschwerden, die den Magen-Darm-Trakt betreffen.

Das Nachtkerzenöl kommt nicht nur bei Menschen zur Anwendung, denn auch unsere tierischen Freunde profitieren von seiner Wirkung, indem ihr Futter mit diesem heilsamen Öl angereichert wird. Und sollte ein Vierbeiner unter Hautproblemen oder Parasitenstichen leiden, so wird das Nachtkerzenöl auf seine Haut aufgetragen. Dies beruhigt die jeweilige Hautpartie, desinfiziert diese und schenkt Linderung.

Verwendete Teile:
Blätter, Wurzeln und Öl

ODERMENNIG, KLEINER (AGRIMONIA EUPATORIA)

Schon in der Antike war Odermennig aufgrund seiner großen Heilkräfte sehr beliebt. Die Pflanze, auch als „Ackerkraut" bekannt, wurde früher zum Gelbfärben von Naturfasern verwendet, doch nutzte man ihre blühenden Sprossspitzen auch für Heilbehandlungen, wie z. B. bei Appetitlosigkeit, zu hohen Blutzuckerwerten, Darminfektionen, Entzündungen im Mund- und Rachenbereich sowie bei Juckreiz, Lebererkrankungen, zur Wundbehandlung und bei Verdauungsbeschwerden.

Dank seiner Gerbstoffe wird das Kraut auch bei Durchfall sowie bei Galle-, Leber- und Magenbeschwerden angewendet. Odermennig wirkt antiviral, blutreinigend, entzündungshemmend, krampflösend, krebsfeindlich und leicht verstopfend.

Verwendete Teile:
Blühendes Kraut

Olivenbaum (Olivenblattextrakt) (Olea europaea)

Der Olivenbaum ist immergrün und bis zu 10 m hoch mit stark zerfurchtem grauem Stamm, kleinen, länglichen und ledrigen graugrünen Blättern sowie kleinen schwarzen Früchten, aus denen Öl gewonnen wird. Schon bei den alten Griechen, Römern und den anderen Mittelmeervölkern waren die Olivenblätter ein beliebtes Heilmittel. Es wurden viele verschiedene Krankheiten behandelt. Olivenblattextrakt kam erst recht spät in die Naturheilkunde. Aufgrund seines höheren Wirkstoffgehalts wirkt er jedoch umso deutlicher und besticht durch zahlreiche Wirkungen, die ihm nachgesagt werden.

Im Mittelmeerraum ist der Olivenbaum verwildert anzutreffen, aber er wird in klimatisch ähnlichen Regionen auf der ganzen Welt angebaut. Die Blätter werden das ganze Jahr über geerntet, die Früchte werden im Spätsommer geerntet. Der Wirkstoffgehalt der Blätter von wilden Olivenbäumen soll höher sein.

Olivenblätter sind blutdrucksenkend und fördern die Durchblutung. Darüber hinaus können sie bei Blasenentzündungen verwendet werden und sind leicht harntreibend. Aufgrund ihrer Eigenschaften, die den Blutzuckerspiegel leicht senken, werden sie bei Diabetes angewendet. Das Olivenöl trägt zur Balance der eigenen Blutfette bei. Traditionell wird es bei Gallensteinen in Form eines Teelöffels mit Zitronensaft eingenommen. Olivenöl schützt die Verdauung und ist bei trockener Haut hilfreich.

Verwendete Teile:
Blätter

PASSIONSBLUME (PASSIFLORA)

Die Passionsblume ist eine bis zu 9 m große Kletterpflanze mit prachtvollen Blüten und eiförmigen Früchten. Ihr Name leitet sich von der Form ihrer Blüten ab: Die fünf Staubgefäße sollen die fünf Kreuzigungswunden Christi repräsentieren, die drei Narben für die drei Nägel, die weiße Farbe die Reinheit und Unschuld und die blaue Farbe den Himmel. In der traditionellen amerikanischen Pflanzenheilkunde wird die Pflanze zur Beruhigung eingesetzt, wie z. B. bei Schlaflosigkeit, Epilepsie und Hysterie. Es existieren ungefähr 400 Passiflora-Arten, einige davon sind mittlerweile auch in Europa populäre Gartenpflanzen. Viele von ihnen haben Eigenschaften, die der Passionsblume ähnlich sind. Serotonin, eine der bedeutenden chemischen Botenstoffe des menschlichen Gehirns, wurde in der Riesengranadilla (P. quadrangularis) entdeckt.

Die Passionsblume, die in den südlichen USA (Virginia, Texas und Tennessee) sowie in Zentral- und Südamerika beheimatet ist, wird auch in Nordamerika und Europa angebaut, insbesondere in Italien. Im Frühling wird sie durch Aussaat vermehrt. Man sammelt die Sprossteile bei Blüte oder Frucht der Pflanze.

Die Passionsblume hat beruhigende Eigenschaften, sie wirkt entspannend – besonders bei Panikattacken und nervöser Überaktivität, aber auch bei Krämpfen. Die Pflanze ist aufgrund dieser Eigenschaften ein milder, nicht suchterzeugender Kräutertranquilizer, der dem Baldrian (Valeriana officinalis) ähnelt. Die Passionsblume zeigt auch bei Schlafstörungen positive Wirkung.

Verwendete Teile:
Alle oberirdischen Teile

Petersilie, Krause (Petroselinum crispum)

Zur Zeit der Pharaonen spielte Petersilie in Ägypten eine wichtige Rolle im Totenkult. Verstorbene wurden häufig mit Kränzen aus Petersilie bestattet. Den Griechen wurde nachgesagt, dass sie Petersilienkränze zu festlichen Anlässen auf ihren Köpfen trugen. Sogar Herkules soll sich mit einem solchen Kranz geschmückt haben, da dieser damals dem Lorbeerkranz gleichstand. Im Mittelalter wurde das Kraut als Geister- und Hexenvertreiber eingesetzt.

Gleichzeitig fand die **Glatte Petersilie** (Petroselinum neapolitanum), die einen kräftigeren Geschmack besitzt, Einzug in die Küche. Noch heute wird ihr nachgesagt, dass sie über ein außergewöhnliches Stimulans verfügt.

Gesundheitlich gilt die Petersilie als sehr vitaminreich und der Presssaft aus den frischen Blättern soll die Haut vor Mückenstichen schützen. Eingesetzt wird die Pflanze in der Kräuterheilkunde bei Erkrankungen der Harn- und Geschlechtsorgane und bei Leberleiden, wie z. B. Gelbsucht.

Verwendete Teile:
Blätter, Samen und Wurzeln

PFEFFERMINZE (MENTHA X PIPERITA)

Die Pfefferminze ist eine bis zu 80 cm hohe, stark aromatische, einjährige Pflanze mit vierkantigem Stängel und gezähnten Blättern. Ursprünglich stammt die Pfefferminze aus Nordafrika und wird wahrscheinlich schon lange angewendet, da getrocknete Blätter in ägyptischen Pyramiden gefunden wurden, die auf etwa 1000 v. Chr. zurückgehen. Die Pflanze wurde auch von den Griechen und Römern geschätzt, aber in Westeuropa wurde sie erst im 18. Jahrhundert bekannt. Heutzutage wird sie vor allem verwendet, um Blähungen und Koliken zu lindern. Es gibt jedoch noch viele andere Anwendungsbereiche.

Pfefferminze wird kommerziell und im Gartenbau in Europa, Asien und Nordamerika kultiviert. Sie werden im Frühling ausgesät und an einem trockenen Tag geerntet, kurz bevor sie blühen.

Pfefferminze erhöht die Ausschüttung von Gallensekret und Verdauungssäften und entspannt die Darmmuskulatur. Sie hilft auch, Übelkeit, Koliken, Magenschmerzen und Blähungen zu lindern. Sie kann Durchfall und Reizdarm lindern, indem sie Schleimhäute und Darmmuskeln beruhigt.

Bei Atemwegsinfektionen wird verdünntes Öl zur Inhalation und zum Einreiben der Brust verwendet, während das gesamte Kraut bei Verdauungsinfektionen verwendet wird.

Verwendete Teile:
Sprossteile

Quitte (Cydonia oblonga)

Ursprünglich stammt der Quittenbaum aus Asien und wird bereits seit vielen Jahrhunderten in der Alten Welt (den Menschen waren damals nur die Kontinente Europa, Afrika und Asien bekannt) kultiviert. Erst in der Antike kam er über den Balkan nach Europa. Seine Früchte duften nicht nur hinreißend, sie sind auch sehr schmackhaft, vitaminreich und werden zu therapeutischen Zwecken, u. a. bei Behandlungen von Verdauungsbeschwerden (krankhafter Durchfall), Erkältungskrankheiten, Hautreizungen und leichten Verbrennungen, eingesetzt. Damals nutzte man die Quitte auch zum Färben von Naturfasern.

Quitten enthalten viele Wirkstoffe, wie z. B. Vitamin C, verschiedene Mineralstoffe und Spurenelemente, Gerbsäuren wie Tannine (wirken bei Durchfall) und vor allem Kalium, das in unserem Organismus sehr wichtig für den Blutdruck sowie die Funktion von Herz, Nerven und Muskeln ist. Weitere Inhaltsstoffe der Quitte sind Pektine.

Verwendete Teile:
Blätter, Früchte und Samen

RINGELBLUME (CALENDULA OFFICINALIS)

Die Ringelblume ist eine bis zu 60 cm hohe einjährige Pflanze mit leuchtend orangefarbenen Blütenköpfchen. In der westlichen Kräutermedizin zählt sie zu den vielfältigsten Heilpflanzen. Die Blütenblätter eignen sich hervorragend für angegriffene Haut. Ihre antiseptischen Eigenschaften tragen auch dazu bei, die Verbreitung von Infektionen vorzubeugen und die Heilung von Wunden zu fördern. Darüber hinaus ist die Ringelblume ein reinigendes und entgiftendes Kraut. Bei chronischen Infektionen können daher Aufgüsse und Tinkturen verwendet werden.

Die Ringelblume, die aus Südeuropa stammt, findet weltweit in den gemäßigten Gebieten ihren Ursprung. Sie kann aus Samen gezogen werden und wächst auf nahezu jedem Boden. Im Frühsommer werden die Blumen gepflückt und im Schatten getrocknet, nachdem sie geöffnet wurden.

Bei Fieber, Infektionen und Hautkrankheiten wie Ekzemen und Akne wird die Ringelblume als entgiftendes Kraut betrachtet. Darüber hinaus soll sie Leber und Gallenblase reinigen und bei anderen Beschwerden dieser Organe eingesetzt werden können. Sie eignet sich vor allem auch gut zur Behandlung von Hautproblemen. Bei Akne und Ausschlägen, Pilzinfektionen wie Mikrosporie, Fußpilz und Candida-Mykosen, Schnittwunden und Abschürfungen, geröteter Haut (einschließlich Verbrennungen und Sonnenbrand) sowie Pilzinfektionen wird sie angewendet. Sie ist auch nützlich für Windelausschlag, Kopfschorf und wunde Brustwarzen.

Verwendete Teile:
Blüten und Blätter

Rosmarin (Rosmarinus officinalis)

Sein ursprünglicher lateinischer Name ist „Ros Maris", was übersetzt „Tau des Meeres" heißt. Dies deutet darauf hin, dass die Pflanze vor allem gut an Küsten gedeiht. In Ägypten wurde sie für rituelle Räucherungen verwendet und in der Antike glaubten die Griechen daran, dass Rosmarin die Erinnerung auffrischen und den Geist stärken könne. So trugen dort die Studenten während ihrer Prüfungen das Kraut in ihren Haaren, um das Gedächtnis zu verbessern.

Abgesehen von der Vielzahl an Verwendungsmöglichkeiten zum Würzen in der Küche besitzt dieses vielseitige Kraut auch adstringierende, anregende, blähungstreibende, entzündungshemmende, harntreibende, krampflösende, tonische und sogar verdauungsfördernde Eigenschaften. Außerdem ist es ein Antiseptikum und verhindert daher auch Infektionen bei Wunden.

Sein ätherisches Öl ist das Cineol, auch Eukalyptus genannt. Dieses kommt u. a. bei Erkrankungen der oberen und unteren Atemwege zum Einsatz. Sollten Sie einmal völlig gestresst von der Arbeit heimkommen oder generell unter Anspannung leiden, nehmen Sie ein wohltuendes Bad mit Rosmarin. Ihre Nerven werden sich bereits nach kurzer Zeit beruhigen.

Verwendete Teile:
Blätter und Blüten

ROSSKASTANIE (AESCULUS HIPPOCASTANUM)

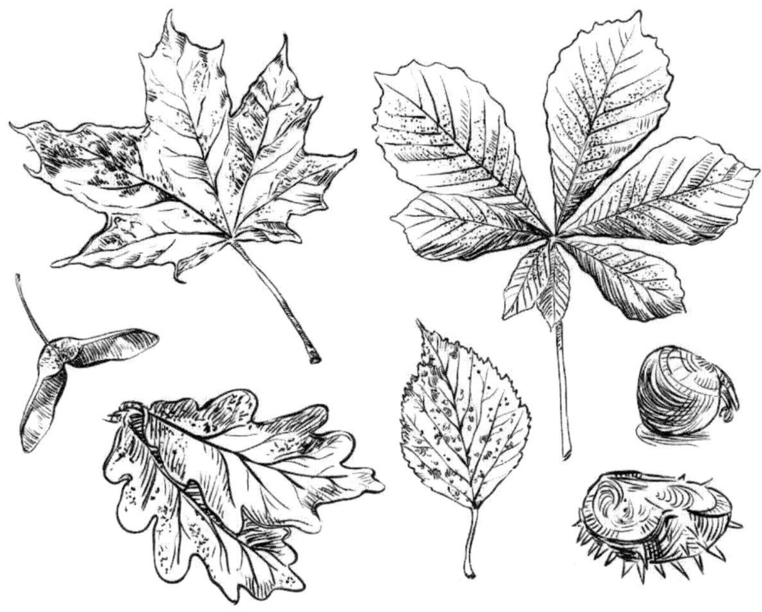

Vielleicht erinnern Sie sich an Ihre Kindheit, in der Sie mit ein paar Kastanien und Streichhölzern die schönsten Figuren bastelten. Medizinisch betrachtet ist die Rosskastanie besonders in Lotionen und Salben zu finden – zur Anwendung bei Besenreisern, Blutergüssen, Durchblutungsstörungen, Gicht, Juckreiz (Hämorrhoiden), Rheuma, Venenschwäche, Krampfadern und Wadenkrämpfen. Sie ist schmerzlindernd und heilungsfördernd. Aufgrund ihrer leichten Giftigkeit darf die Pflanze nur auf unverletzte Hautpartien aufgetragen werden. Auch sollte sie nicht verzehrt werden, da sie ansonsten im Verdauungstrakt Schaden anrichten könnte.

Verwendete Teile:
Blätter, Blüten, Früchte, Rinde und Wurzeln

ROTKLEE (TRIFOLIUM PRATENSE)

Der Rotklee, auch als „Wiesenklee" bekannt, ist ein Schmetterlingsblütler und wird vor allem als Futterpflanze genutzt.

Auch dieses Kraut besitzt ebenfalls viele medizinische Eigenschaften. Seine Blütenköpfe lassen sich antiseptisch bei Hautverletzungen oder leichten Verbrennungen anwenden. Zudem wird die Pflanze auch bei grippalen Infekten und bei Keuchhusten eingesetzt, da sie eine auswurffördernde Wirkung besitzt. Sie ist blutreinigend, entzündungshemmend und zellschützend, verbessert den Blutfluss, senkt den Cholesterinspiegel, beugt Gefäßerkrankungen, Osteoporose und Knochenschwund im Alter vor und schützt vor Prostataerkrankungen. Bei Fußpilz werden übrigens Umschläge mit Rotklee empfohlen. Zudem wird vermutet, dass Rotklee eine Anti-Aging-Wirkung besitzt, denn er soll vor Sonneneinstrahlung schützen und die Bildung von Falten verzögern. Rotklee verstärkt im Übrigen die Wirkung von Östrogenen, weswegen bei Schwangerschaft und in der Stillzeit auf die Einnahme von Rotklee verzichtet werden sollte.

Verwendete Teile:
Kraut

SAFRAN, ECHTER (CROCUS SATIVUS)

Der Safrankrokus hat optisch sehr viel Ähnlichkeit mit dem Krokus, der im Frühling in unseren Gärten erblüht, nur dass dieser erst im Oktober aus der Erde hervorsteigt und seine wunderschönen Blüten zeigt. Die fadenförmigen, roten Narbenschenkel sind die eigentlichen Safranfäden, die mühsam von Hand gezupft und dann weiterverarbeitet werden. In der Antike nutzte man die Fäden bzw. deren intensive Farbe zum Schminken, während man mit dem inzwischen sehr kostspieligen Gewürz heutzutage vor allem asiatische Gerichte einfärbt.

Achtung: In hohen Dosierungen ist Echter Safran stark giftig!

Bereits im Christentum wusste man von seiner aphrodisierenden, herzstärkenden und kräftigen Wirkung und der Safran diente als Halluzinogen und Opiumersatz, da er die Wahrnehmung trübte.

Da Safran nachgesagt wurde, dass er den Geschlechtstrieb wesentlich erhöhe, wurde er auch in Gebäck und Kuchen verwendet, es wurde darin gebadet und Frauen sollen sich sogar Safranfäden in ihr Schamhaar geflochten haben. Was für Wonnefreuden! In der Ayurvedischen Medizin gilt Safran auch heute noch als ein wichtiges Liebesgewürz. Es wird in Tee und Wein gegeben, um die Sinnlichkeit zu steigern und für mehr Energie und Vitalität zu sorgen.

Verwendete Teile:
Narben des Griffels

SALBEI (SALVIA OFFICINALIS)

Der Salbei hat so viele Namen, dass eine Aufzählung eine ganze Seite füllen würde. Hervorzuheben ist jedoch, dass Salbei seinen Namen zum einen von „salvare" herleitet, was im Lateinischen „heilen" bedeutet, und zum anderen von „salvere", was so viel wie „gesund sein" heißt. In der Naturheilkunde wird er für seine vielfachen Wirkungsweisen sehr geschätzt. So wird ihm nachgesagt, dass er adstringierend, antibakteriell, antiseptisch, auswurffördernd, beruhigend, blähungstreibend, blutreinigend, entzündungshemmend, harntreibend, krampflösend, schmerzstillend, schweißtreibend, tonisierend (die Muskelspannung stärkend) und verdauungsfördernd ist.

Salbeitee wird vor allem bei Erkältungskrankheiten getrunken. Er stärkt das Immunsystem und wirkt sehr schnell gegen Halsschmerzen, bei Mandelentzündungen und wird auch bei Atemwegserkrankungen (z. B. Bronchitis), bei Frauenleiden sowie Magen-Darm-Beschwerden, Gelenkerkrankungen und Zahnfleischbluten eingesetzt. Bei Mundgeruch hilft es ebenfalls.

Verwendete Teile:
Blätter

SCHAFGARBE, WIESEN- (ACHILLEA MILLEFOLIUM)

Der Begriff „Garbe“ kommt ursprünglich aus dem Althochdeutschen („garwe“) und heißt, grob übersetzt, „Heiler“. Besonders Schafe waren von je her verrückt nach diesem Kraut, warum es den Zusatz „Schaf“ bekam (vermutlich wussten diese Tiere um seine heilenden Fähigkeiten). Sie wirkte schon damals antibakteriell und gegen Entzündungen und mit ihr wurden verwundete Soldaten behandelt.

Die Schafgarbe wird heute vor allem wegen ihrer beruhigenden, entzündungshemmenden, verdauungsfördernden und wundheilenden Eigenschaften geschätzt. Zum Reinigen kleinerer Wunden wird aus ihren blühenden Sprossen unter anderem ein Aufguss hergestellt, der jedoch auch als Mundwasser dienen kann. Des Weiteren wirkt die Schafgarbe gegen Magen-Darm- und bei Menstruationsbeschwerden sowie bei Kopf- und Zahnschmerzen.

Verwendete Teile:
Blüten und das ganze blühende Kraut

Achtung: Die Schafgarbe selbst ist ungiftig, hat aber giftige Doppelgänger, wie z. B. den Riesenbärenklau (Heracleum mantegazzianum) oder den Gefleckten Schierling (Conium maculatum). Daher sollten Sie sich vor dem Sammeln in jedem Fall darüber informieren!

Riesenbärenklau:

Gefleckter Schierling:

SCHLAFBEERE (WITHANIA SOMNIFERA)

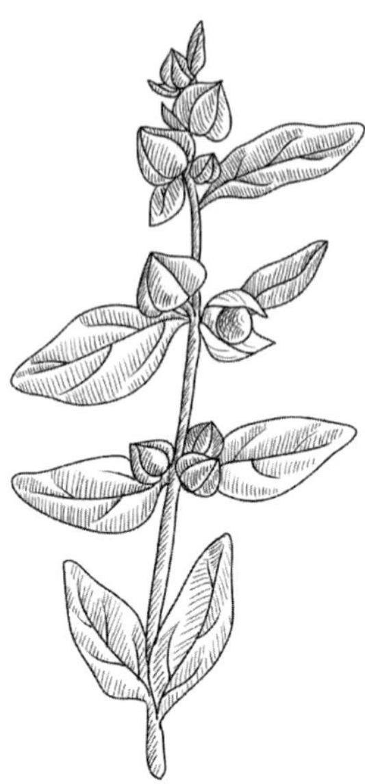

Die Schlafbeere wird auch „Indischer Ginseng“ oder einfach nur Winterkirsche genannt. Der Begriff „somnifera“ leitet sich vom lateinischen Wort „somnus“ (Schlaf) und „ferre“ (bringen) ab und bedeutet „schlafbringend“. Im Sanskrit trägt die Schlafbeere einen ganz besonderen Namen: Ashwagandha, was „der Geruch des Pferdes“ bedeutet und auf den Duft der Wurzel zurückzuführen ist.

Wie der Name schon erahnen lässt, hilft die Schlafbeere bei Schlafstörungen. Sie wird aber vor allem auch nach einer überstandenen Krankheit zur Stärkung des Patienten, bei nervlicher Erschöpfung, bei Gelenk- und Nervenschmerzen, Schilddrüsenunterfunktion, zur Förderung der Blutbildung und zur Vitalitätssteigerung im Alter eingesetzt.

In der Ayurvedischen Medizin wird die Schlafbeere bei Angstzuständen, Depressionen und Nervosität genutzt und bei Problemen mit dem Blutzuckerspiegel. In der Alternativmedizin wird Ashwagandha als ein Adaptogen gesehen. Dies ist eine Bezeichnung dafür, dass die aktiven Pflanzenstoffe dem Organismus helfen, sich erhöhten emotionalen und körperlichen Stresssituationen anzupassen. Die Schlafbeere hat eine positive Wirkung auf das Herz-Lungen-System, den Hormonhaushalt und das zentrale Nervensystem. Als Heilkraut werden ihre Blätter und Wurzeln verwendet.

Verwendete Teile:
Blätter und Wurzeln

Schlüsselblume, Echte (Primula veris)

Die „Echte Schlüsselblume", auch bekannt als „Primel", ist ein einheimisches Gewächs und hat ausgesprochen therapeutische Eigenschaften. Diese sind u. a. antientzündlich, beruhigend, harntreibend, krampf- und schleimlösend. Ihre Schwester, die „Hohe Schlüsselblume" (Primula elatior), wird vorwiegend bei Kindern genutzt, wenn diese unter Schlaflosigkeit leiden oder überaktiv sind. In der Homöopathie wird sie bei Kopfschmerzen verwendet und bei Kreislaufschwäche sowie bei Bronchitis, Erkältungskrankheiten und Nasennebenhöhlenentzündungen.

Verwendete Teile:
Blüten und Wurzeln

Achtung: Bei Allergien gegen Primelgewächse, in der Schwangerschaft und auch während der Stillzeit sollte die Schlüsselblume nicht verwendet werden!

Schöllkraut, Großes (Chelidonium majus)

Der unangenehm riechende Milchsaft dieser Heilpflanze wird in der Volksheilkunde bereits seit Langem zur Behandlung von Hautbeschwerden (z. B. Ekzemen), Hühneraugen und Warzen genutzt. Sein Kraut dient zum Aufguss als Tee bei Gallen- und Leberbeschwerden sowie bei Magenkrämpfen und wirkt beruhigend, entzündungshemmend, gallenflussanregend, krampflösend, schmerzstillend und virenhemmend. Während einer Schwangerschaft darf diese teils giftige Pflanze jedoch nicht zu sich genommen werden, da es ansonsten zu einem ungewollten Abbruch kommen könnte.

Das Schöllkraut schafft Abhilfe bei Gallenstauungen, Krämpfen im Oberbauch und bei Völlegefühl nach schweren Mahlzeiten.

Verwendete Teile:
Das blühende Kraut, Saft und Wurzeln

Sonnenhut (Echinacea angustifolia)

Echinacea ist eine mehrjährige, bis zu 1,20 m hohe Pflanze mit aufrechtem Wuchs und purpurfarbenen Blütenköpfen. In Nordamerika wurde Echinacea früher zur Behandlung von Schlangenbissen eingesetzt, weshalb es auch als Schlangenwurzel bezeichnet wird. Diese Heilpflanze ist besonders wertvoll wegen ihrer immunmodulierenden Wirkung. Sie wirkt bei der Bekämpfung viraler und bakterieller Infektionen und hilft, Giftstoffe aus dem Körper zu entfernen. Das klassische Tätigkeitsfeld ist daher die Vorbeugung und Behandlung von Atemwegserkrankungen wie Erkältungen, Grippe oder Husten.

Verwendete Teile:
Blüten und Wurzeln

Hinweis: Handelt es sich um hochwertige Wurzeln, so ist auf der Zunge ein Kribbeln zu spüren.

Spitzwegerich (Plantago lanceolata)

Vielleicht ist Ihnen bereits ein Hustensaft mit Spitzwegerich bekannt. Doch wenn Sie seine Blätter zerreiben, hilft der Saft zudem ganz hervorragend gegen Insektenstiche. Sein Name verrät, dass er gerne am Wegesrand wächst. Verwendet werden kann das gesamte Kraut, einschließlich seiner Wurzeln, sowohl in der Küche als auch in Form von Heilmitteln. In der Antike kochten die Griechen den Spitzwegerich in Wasser oder Wein und tranken dies dann hauptsächlich gegen fiebrige Erkrankungen und bei Lungenleiden. Sowohl der Spitzwegerich als auch sein großer Bruder, der **Breitwegerich** (Plantago major), wurden im Mittelalter als Arzneimittel bei Blasen- und Nierenleiden, Epilepsie, bei schlecht heilenden Wunden und bei Tuberkulose genutzt.

Breitwegerich:

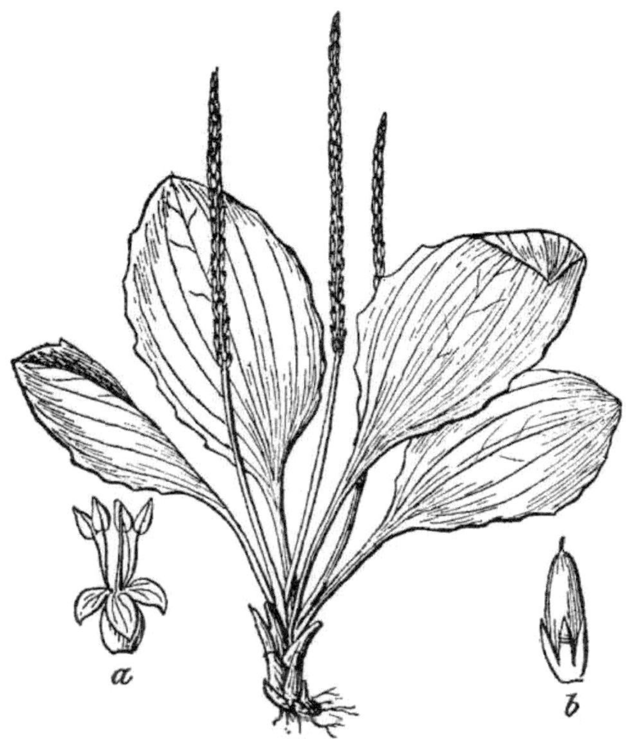

In Mitteleuropa wird der Spitzwegerich meist bei Entzündungen der oberen Atemwege und des Mund- und Rachenraums angewendet, da er über einen hohen Schleimgehalt verfügt. Er findet aber auch Anwendung bei Asthma, Bronchitis und grippalen Infekten, bei Blutergüssen, Harnwegsinfekten, Hautentzündungen, Lungenentzündungen, Magenschleimhautentzündungen, Prellungen, Reizdarm, äußeren Wunden, Verbrennungen und Zerrungen.

Verwendete Teile:
Blätter, Samen und Wurzeln

TAUSENDGÜLDENKRAUT (CENTAURIUM ERYTHRAEA)

Diesen außergewöhnlichen lateinischen Namen bekam das Kraut von dem Zentauren Cheiron, einem Mischwesen aus Pferd und Mensch, der in der griechischen Mythologie als heilkundiges Naturwesen galt. Zudem ist es auch unter dem Namen Fieberkraut bekannt. Die Pflanze besitzt appetitanregende, entkrampfende, schmerzlindernde und verdauungsfördernde Eigenschaften und kann bei Blähungen, Krämpfen und Schmerzen im Magen-Darm-Trakt, Oberbauchschmerzen, Sodbrennen und Völlegefühl angewendet werden.

Die in diesem Kraut enthaltenen Bitterstoffe regen den Körper an, mehr Speichel und Magensäfte zu produzieren. Auch die Bauchspeicheldrüse, Galle und Leber werden dadurch angeregt. Das ist auch einer der Gründe, warum Tausendgüldenkraut in Kräuterschnäpsen sehr beliebt ist.

Verwendete Teile:
Das ganze blühende Kraut ohne Wurzeln

TEEBAUM (MELALEUCA ALTERNIFOLIA)

Der Teebaum ist ein bis zu 7 m hoher Baum mit mehreren Schichten papierartiger Rinde und weißen Blütenständen. Das ätherische Öl des Teebaums zählt zu den bedeutendsten natürlichen Antiseptika. Diese Pflanze ist für Stiche, Verbrennungen, Wunden und Hautinfektionen aller Art geeignet. Daher sollte sie in jeder Hausapotheke zu finden sein. Der Teebaum hat seinen Ursprung in Australien und diente als traditionelles Mittel der Ureinwohner (Aborigines). Die Pflanze, deren therapeutische Wirkungen in den 1920er-Jahren zum ersten Mal untersucht wurden, findet heute Anwendung in Europa, den USA und Australien. Er wächst auf feuchten Böden in Queensland und Neusüdwales in Australien. Heutzutage wird er jedoch auch häufig angebaut, vor allem in Neusüdwales, wobei er im Sommer durch Stecklinge vermehrt wird. Die Blätter und kleinen Äste können das ganze Jahr über gepflückt werden, um das ätherische Öl zu extrahieren. Teebaum hilft bei Infektionen, insbesondere Blasenentzündungen, Drüsenfiebern und chronischen Müdigkeitssyndromen. Jedoch sollte das ätherische Teebaumöl nur unter ärztlicher Aufsicht innerlich eingenommen werden. Teebaum eignet sich zur Behandlung von Hautinfektionen wie Fußpilzen, Flechte, Hühneraugen, Warzen, Akne und Furunkeln, infizierten Brandwunden, Schnittwunden, Insektenbissen und -stichen.

Verwendete Teile:
Ätherisches Öl aus Zweigspitzen und Blättern

TEUFELSKRALLE (PHYTEUMA)

Den Namen verdankt das Gewächs den kräftigen Widerhaken, die sich an seinen Früchten befinden und an die Krallen eines Ungeheuers erinnern. Seit Jahrtausenden wurde dieses Heilkraut vorwiegend bei den indigenen Völkern in Afrika und später weltweit bei Arthritis, zur Fiebersenkung, bei Rheumatismus, Verdauungsbeschwerden und zur Behandlung von Wunden und Geschwüren genutzt. Noch heute wird die Teufelskralle in Arzneimitteln vorwiegend bei Gelenk- und Rückenbeschwerden verwendet. Die in ihr enthaltenen Bitterstoffe steigern die Speichel- und Magensekretion und regen somit den Appetit und auch die Verdauung an (sie erhöhen die Darmbewegung und verbessern die Aktivität der Verdauungsenzyme). Des Weiteren stimuliert sie die Gallensekretion und senkt den pH-Wert im Magen.

Bei Überempfindlichkeit der Wirkstoffe in der Teufelskralle kann es gelegentlich zu Hautausschlag und Nesselsucht kommen. Auch eine Schockreaktion ist möglich, daher sollte die Einnahme von Medikamenten, die das Kraut enthalten, von einem Arzt vorher geprüft werden.

Verwendete Teile:
Wurzelknollen

Tollkirsche, Schwarze (Atropa belladonna)

Auch bekannt als Belladonna oder Mörderbeere, galt die Tollkirsche im Mittelalter als ein typisches Hexenkraut, mit dessen Hilfe die Hexen angeblich fliegen konnten. Wie dem lateinischen Namen zu entnehmen ist, enthält diese Pflanze Atropin, das sich auf das vegetative Nervensystem auswirken kann. So enthält sie u. a. betäubende, giftige und schmerzstillende Inhaltsstoffe. In geringer Dosis wird sie vor allem in der Homöopathie eingesetzt und dient auch als Beruhigungsmittel und Narkotikum. Angewendet wird die Tollkirsche zur Erweiterung der Pupillen (z. B. bei der Augenmedizin), bei Koliken im Gallen- und Magen-Darm-Bereich und als Gegengift bei Vergiftungen.

Verwendete Teile:
Blätter, Früchte und Wurzeln

Achtung: Die Tollkirsche gilt als hochgradig giftig! Bei einer Überdosis kann es zu lebensgefährlichen Rauschzuständen bis hin zu einer tödlichen Atemlähmung kommen!

Thymian, Echter (Thymus vulgaris)

Thymian ist nicht nur ein beliebtes, appetitanregendes Gewürz, es besitzt auch zahlreiche therapeutische Eigenschaften und sein Duft soll zudem Motten vertreiben können. Im Mittelalter diente es als Halluzinogen und wurde bei religiösen Ritualen verwendet. Die Griechen benutzten Thymian vorwiegend als Räucherpflanze.

Dieses Kraut gilt als reinrassiges Aphrodisiakum. Die Franzosen wissen wohl heute noch etwas davon und nutzen Thymian vielleicht deshalb als Hauptzutat in ihrer beliebten Kräutermischung „Kräuter der Provence". Das griechische Wort „thymos" bedeutet so viel wie Lebenskraft und symbolisiert Mut und Stärke. Sein wertvolles ätherisches Öl wirkt auswurffördernd (treibt den Schleim aus der Brust und der Lunge), entzündungshemmend, hustenstillend, keimtötend und krampflösend auf die Bronchien. Außerdem bekämpft es Bakterien, Pilze und Viren. Thymian ist ein sanftes, pflanzliches Antibiotikum. Somit ist es ein hervorragendes Mittel gegen Entzündungen der oberen Atemwege, bei Blasen- und Mandelentzündungen sowie bei Asthma. Inhaltsstoffe wie Zink dienen dem Zellschutz und seine Bitterstoffe und Flavonoide unterstützen das Immunsystem. Heutzutage wird es hauptsächlich bei Atemwegserkrankungen eingesetzt.

Verwendete Teile:
Blätter

TRAGANT (ASTRAGALUS)

Der Astragalus ist eine mehrjährige, bis zu 40 cm hohe Pflanze mit behaarten Stängeln und behaarten Blättern. Im Westen ist Astragalus wenig bekannt, während die Wurzel in China seit Jahrtausenden verwendet wird und dort zu den beliebtesten Stärkungsmitteln zählt. Die Wurzel hat einen süßen Geschmack und gilt als gutes Mittel für Jugendlichkeit und Vitalität, da sie die Ausdauer steigert und die Widerstandsfähigkeit gegen Erkältungen verbessert. Astragalus wird oft mit anderen Kräutern gemischt, um ein Blutstärkungsmittel herzustellen.

Astragalus kommt aus der Mongolei sowie Nord- und Ostchina. Im Frühjahr oder Herbst wird er aus Samen gezogen. Für den Anbau benötigt er sandigen, gut durchlässigen Boden und viel Sonnenlicht. Nach 4 Jahren können die Wurzeln im Herbst geerntet werden.

Astragalus ist ein klassisches Stärkungsmittel und ein nützliches Mittel gegen Virusinfektionen und Erkältungen. In China wird angenommen, dass es Wei Qi (die unter der Haut zirkulierende Schutzenergie) stärkt und dem Körper hilft, sich besser an äußere Einflüsse, insbesondere Kälte, anzupassen. Astragalus stärkt das Immunsystem und erhöht die Ausdauer. Da Astragalus die Blutgefäße erweitert, wird es als schweißtreibendes Mittel verwendet. Es hilft aber auch, Wassereinlagerungen und Durst zu reduzieren. Astragalus unterstützt die Nierenfunktion, daher wird ihm eine insgesamt nierenschützende Wirkung nachgesagt. Weiterhin wird es oft in Kombination mit Chinesischer Angelika als Stärkungsmittel bei Anämie (Blutarmut) verwendet.

Rezept bei Anämie
Bereiten Sie eine Abkochung aus 12 g Astragaluswurzel und 12 g Chinesischer Angelika zu, wie unter „Verschiedene Formen der Anwendung von Heilpflanzen" angegeben. Trinken Sie täglich 300 ml. Kinder ab 12 Jahren können diesen Tee ebenfalls trinken.

Verwendete Teile:
Wurzeln

WASSERDOST, GEWÖHNLICHER (EUPATORIUM CANNABINUM)

Auch als Wasserhanf bekannt, galt der Wasserdost seit Jahrhunderten als Heilmittel bei Blasen- und Harnröhrenentzündungen, Erkältungen, Fieber, Grippe, Herzbeschwerden, bei Beschwerden der Leber oder des Magen-Darm-Traktes, bei Nierenerkrankungen und Verstopfungen und, äußerlich angewendet, sogar bei Ekzemen und Schuppenflechte. Der Wasserdost wirkt entwässernd, fiebersenkend, harntreibend, wundheilend, unterstützt bei der Gallen- und Leberentgiftung und regelt die Menstruation. Zudem soll er die Potenz fördern.

Auch wenn sein lateinischer Name „cannabinum" an Cannabis bzw. Hanf erinnert, so hat er doch keine Ähnlichkeiten mit dessen Wirkungsweisen. Leider enthalten einige Wasserdost-Arten karzinogene (krebserregende) Substanzen, weshalb sie seit einiger Zeit immer seltener Anwendung finden.

Verwendete Teile:
Das ganze Kraut

Weißdorn, Eingriffelig + Zweigriffelig (Crataegus monogyna + laevigata)

Der Weißdorn ist ein bis zu 8 m hoher, sommergrüner, dorniger Strauch mit kleinen Blättern, weißen Blüten und roten Früchten. Der Weißdorn stellt eine kostbare Heilpflanze dar. Er wurde während des Mittelalters als Sinnbild der Hoffnung betrachtet und bei zahlreichen Beschwerden eingesetzt. Bei Herz-Kreislaufbeschwerden, insbesondere bei Angina pectoris, wird er heute häufig verschrieben. Es wird von westlichen Pflanzenheilkundlern als „Nahrung für das Herz" betrachtet, da es den Blutfluss zum Herzen erhöht und die normale Herzfrequenz wiederherstellt. Die neuesten Studien haben diesen Effekt bestätigt.

Weißdornsträucher sind in allen gemäßigten Regionen der nördlichen Hemisphäre in Hecken, Gebüschen und Wäldern Europas anzutreffen. Der Weißdorn kann durch den Samen vermehrt werden, aber dieser dauert 18 Monate, um auszukeimen. Daher findet die Vermehrung in der Regel durch Stecklinge statt. Die Blüten werden im späten Frühling gesammelt, während die Früchte zwischen dem Spätsommer und dem Frühherbst geerntet werden.

Weißdorn bewirkt, dass der Blutdruck normalisiert wird. Das bedeutet, dass der Blutdruck, der zu hoch ist, gesenkt und der niedrigere erhöht wird. Heutzutage wird der Weißdorn häufig zur Behandlung von Angina pectoris und koronaren Arterienerkrankungen verwendet. Aufgrund seiner generellen Unterstützung der Herzfunktion wird er jedoch auch bei leichter Stauungsinsuffizienz und unregelmäßigem Herzschlag eingesetzt. Wie viele andere Kräuter wirkt auch der Weißdorn nur in Übereinstimmung mit den physiologischen Prozessen des Körpers. Es braucht mehrere Monate, um die Ergebnisse zu sehen.

Weißdorn verbessert neben Ginkgo auch die Gedächtnisleistung. Er steigert die Durchblutung des Gehirns und somit die Sauerstoffzufuhr.

Verwendete Teile:
Früchte und Sprossspitzen

Wermut (Artemisia absinthium)

Wermut ist eine der bittersten Pflanzen. Absinthium bedeutet „ohne Süße" und ist gut für das Verdauungssystem, insbesondere den Magen und die Gallenblase. Er wird als Arzneimittel in kleinen Schlucken eingenommen, wobei die Bitterstoffe den größten Teil der medizinischen Wirkung ausmachen. In der Vergangenheit wurde diese Pflanze für eine der wichtigsten Aromastoffe für Wermut-Getränke verwendet. Untersuchungen zeigen, dass diese Beifuß-Pflanzenart bei der Behandlung von Morbus Crohn, einer chronisch entzündlichen Darmerkrankung, wirksam ist.

In einer Studie über 10 Wochen konnte bei 90 % der Patienten ein erneuter Krankheitsschub verhindert und die Dosis starker entzündungshemmender Medikamente reduziert werden. Auch die Depression besserte sich. Wermut ist besonders wirksam für Menschen mit einem schlechten Verdauungssystem. Es erhöht die Produktion von Magen- und Gallensäure und verbessert dadurch die Verdauung und Nährstoffaufnahme.

Verwendete Teile:
Blätter und Kraut

Zaubernuss, Virginische (Hamamelis virginiana)

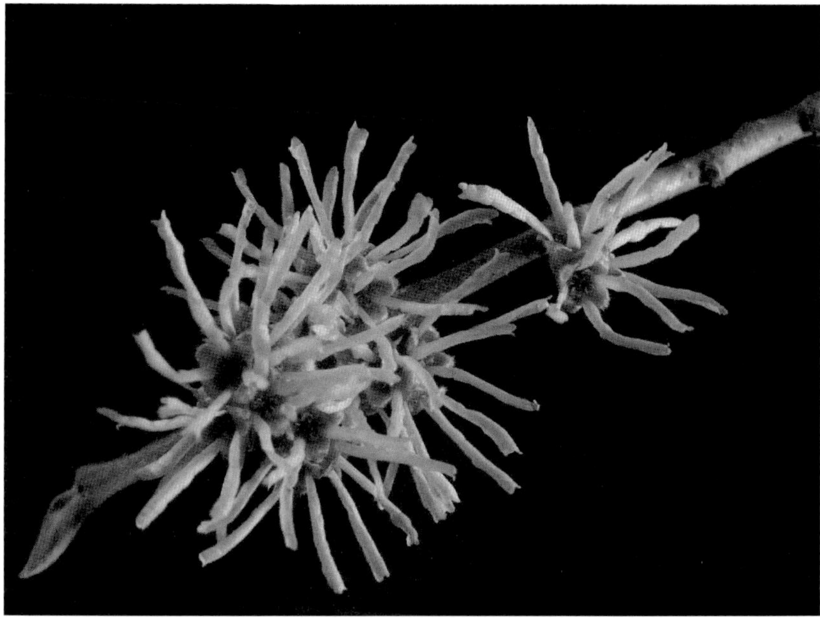

Auch bekannt als Hexenhasel, stammt die Virginische Zaubernuss noch aus der Kreidezeit und ist somit über 100 Millionen Jahre alt. Sie ist ein Winterblüher und gilt als ein wichtiger Nahrungslieferant für Bienen und Hummeln.

Schon die amerikanischen Ureinwohner nutzten die Zaubernuss als Heilpflanze gegen Augenentzündungen, Analfissuren und -thrombosen sowie gegen erkrankte Hämorrhoiden, da sie stark juckreizstillend und abschwellend wirkt. Heute wird eine aus Zaubernuss hergestellte Creme vorwiegend bei Hautproblemen verwendet, wie z. B. bei Ekzemen oder bei entzündeten Hautpartien. Die getrockneten Blätter sowie die Rinde der Zaubernuss gelten zudem als hervorragendes Mittel gegen Krampfadern.

Diese Pflanze enthält Gerbstoffe, die folgende Eigenschaften mit sich bringen: Sie sind blutstillend, entzündungshemmend, gerinnungshemmend, helfen bei Hautbeschwerden sowie bei Beschwerden der Schleimhäute und unterstützen die Wundheilung.

Verwendete Teile:
Blätter und Rinde

Zistrose (Cistus incanus L. Pandalis)

Bereits seit Jahrtausenden wurde die Zistrose in der Volksheilkunde bei Erkältungserkrankungen, Grippe, Infektionskrankheiten, für Körperwaschungen bei Hautproblemen und zur Wundheilung eingesetzt. In der griechischen Antike entdeckte man ihr besonderes Harz, das – aufgrund seiner desinfizierenden Wirkung und des speziellen Duftes – vor allem in Tempeln, aber auch in Kirchen als Weihrauch genutzt wurde. Dieses Harz wurde oft mit der Myrrhe verglichen, die einst dem Christuskind als Gabe überreicht wurde. Traditionell wird sie bei Akne, Allergien, Aphthen (schmerzhafte Bläschen im Mund), bakteriellen Infektionen, Karies, Neurodermitis, Parodontitis und zur Stillung oder zumindest Minderung von Juckreiz (bei Hämorrhoiden) angewendet. Aufgrund ihrer adstringierenden Eigenschaft findet sie auch Einsatz bei Behandlungen gegen Durchfall und die Ruhr. Weiterhin wirkt sie antiallergisch, antibakteriell, antioxidativ, antiviral, entzündungshemmend, gefäßschützend, stärkt das Immunsystem und leitet Schwermetalle aus dem Körper. Zudem wird sie bei Diabetes, Alzheimer, gegen Borreliose und bei Magengeschwüren eingesetzt.

Verwendete Teile:
Kraut

ZWIEBEL (ALLIUM CEPA)

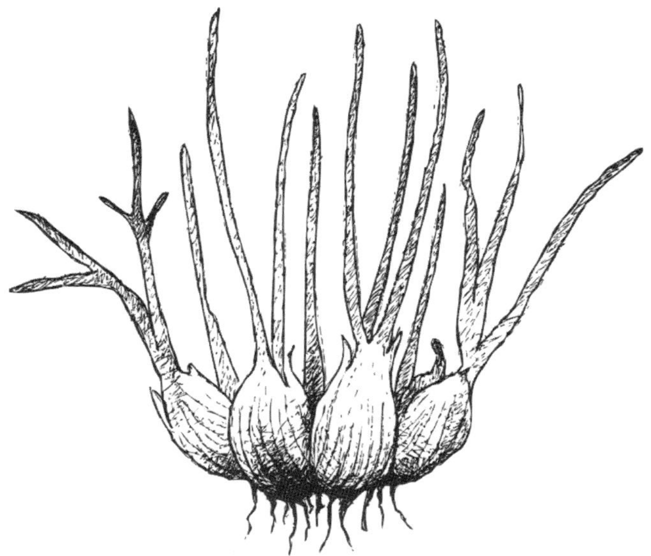

Auch „Jungfer mit den sieben Häuten“ genannt, wird die Zwiebel bereits seit Tausenden von Jahren als Heil- und Küchenpflanze kultiviert. Vor 3.000 Jahren brachten die Römer dieses zugleich schmackhafte wie heilbringende Gemüse dann nach Europa. In der Naturheilkunde wird die Zwiebel aufgrund ihrer antibakteriellen, appetitanregenden, antifugalen, antithrombotischen, antiviralen, entzündungshemmenden, verdauungsfördernden und wundheilenden Eigenschaften als Arzneimittel sehr geschätzt. Sie enthält sehr viele Antioxidantien, Eisen, Kalium, Schwefel, Vitamin A, B1, B2, B6, B7, C und Mineralstoffe, Peptide (wirken stressmindernd) und Selen (gut gegen Depressionen und psychische Verstimmungen). All dies sind Inhaltsstoffe, die auch gut für unser Herz-Kreislauf-System und für unsere Nerven sind. Auch Quercetin ist in ihr enthalten; ein Vitalstoff aus der Natur, welcher u. a. eine blutdrucksenkende Wirkung auf unseren Organismus hat und auch Tumorzellen angreifen kann. Mittlerweile sollen Menschen, die regelmäßig Zwiebeln verzehren, wohl deutlich weniger an Magen-Darm-Krebs erkranken. Medizinisch wird diese Pflanze zum Beispiel bei Angina, Hals- und Rachenentzündung, Blasenentzündung, Bluthochdruck, Bronchitis, Grippe, bei Insektenstichen und Magen-Darm-Problemen, Rheuma und bei Verdauungsproblemen, wie z. B. Verstopfung, verabreicht. Sie senkt den Blutzucker und den Cholesterinwert. Aufgrund ihrer vielfältigen positiven Wirkungsweisen wird die Zwiebel auch als Gute-Laune-Pflanze bezeichnet, da sie die Stimmung aufhellt.

Verwendete Teile:
Knolle

Tipp: Falls Sie einmal heftige Ohrenschmerzen haben sollten, können Sie eine Zwiebel einfach in Würfel schneiden, dann in eine alte Socke stecken, die Socke nebst Inhalt kurz im Ofen erwärmen und dann auf das betroffene Ohr legen und mit einem Schal oder Stirnband fixieren. Besonders bei Kindern gilt es jedoch, generell darauf zu achten, dass die „gefüllte Socke" nicht zu heiß ist, damit die Kleinen nicht verbrüht werden. Ansonsten entfaltet die Zwiebel ihre beste Wirkung bei rohem Verzehr.

Zypresse, Echte (Cupressus sempervirens)

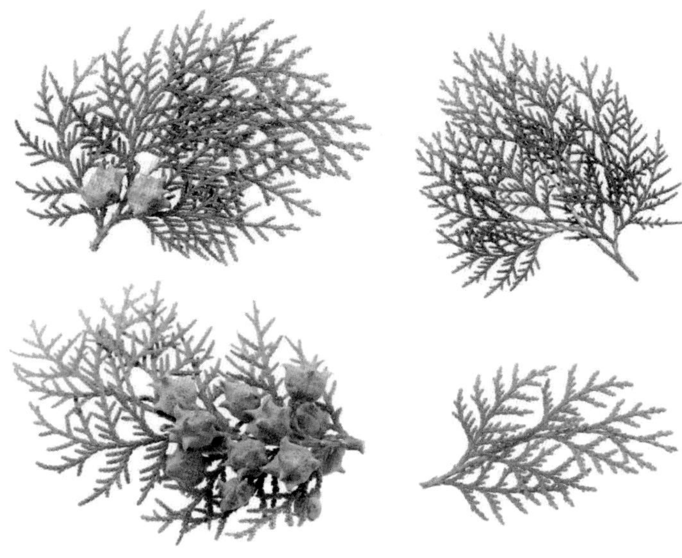

Ihren Ursprung hat die Echte oder auch Mittelmeer-Zypresse in Asien. Diese Art der Koniferen dient bereits seit dem Altertum als Heilpflanze, ist in der heutigen Zeit wohl eines der beliebtesten Garten- und Parkgewächse und findet sich – wie ihr Zweitname verrät – im gesamten Mittelmeerraum wieder. Ihr ätherisches Öl wird vor allem zu therapeutischen Zwecken gebraucht, wie z. B. bei Asthma und Husten. Es wirkt beruhigend, desinfizierend, fiebersenkend, harntreibend und schweißtreibend. Damals wie heute wird die Zypresse auch zur Behandlung von Atemwegserkrankungen, Darmbeschwerden, Hämorrhoiden und Krampfadern genutzt. Zudem lässt sie sich als Färbepflanze verwenden. Bei Erkältungsbeschwerden werden vor allem Zypressen-Bäder empfohlen.

Verwendete Teile:
Früchte, Holz und Zweige

Die Geschichte der Heilpflanzen und ihre Verwendung durch verschiedene Kulturen

Die verschiedensten Heilpflanzen spielen seit Urzeiten eine wichtige Rolle für die Gesundheit und das Wohlbefinden des Menschen. Lein versorgte schon damals den Menschen beispielsweise mit nahrhaftem Pflanzenöl sowie mit Brennstoff, Hautsalben und Fasern zum Weben von Kleidung. Es wurde auch zur Behandlung von Erkrankungen wie Bronchitis, Entzündungen der Schleimhäute der Atemwege, Pickeln und verschiedenen Verdauungsproblemen eingesetzt. Angesichts der wohltuenden Eigenschaften dieser und unzähliger anderer Pflanzen ist es nicht verwunderlich, dass viele Kulturen glauben, dass Pflanzen sowohl magische als auch medizinische Eigenschaften haben. Daher ist davon auszugehen, dass Kräuter schon seit Zehntausenden von Jahren nicht nur wegen ihrer medizinischen Wirkung, sondern auch wegen ihrer angeblichen magischen Kräfte verwendet werden. In einer 60.000 Jahre alten Grabstätte im Irak wurden acht verschiedene Arten von Heilpflanzen entdeckt, sodass die Verwendung dieser Pflanzen als Grabbeigaben darauf hindeutet, dass ihnen nicht nur medizinische Wirkung nachgesagt wurden, sondern auch übernatürliche Kräfte.

Einige Kulturen glaubten, dass Pflanzen auch Seelen haben. Schon der griechische Philosoph Aristoteles, der im 4. Jahrhundert v. Chr. lebte, war der Meinung, dass Pflanzen Seelen haben, wenn auch nicht von derselben Qualität wie die menschliche Seele. Im Hinduismus existieren seine Lehren seit mindestens 1500 v. Chr. und in diesen werden Pflanzen mit bestimmten Gottheiten in Verbindung gebracht:

Beispiel:
Der Madjo-Baum (Aegle marmelos, auch bekannt als Bengalische Quitte), dessen Zweige Shiva, dem Gott der Gesundheit, Schutz bringen. Die im mittelalterlichen Europa entwickelte Signaturlehre versuchte, einen Zusammenhang zwischen dem Aussehen einer Pflanze und ihrer medizinischen Verwendung herzustellen.

Beispiel:
Das Lungenkraut (Pulmonaria), dessen gesprenkelte Blätter an Lungengewebe erinnern, weshalb diese Pflanze auch heute noch zur Behandlung von Atemwegserkrankungen eingesetzt wird.

Auch in westlichen Kulturen gibt es schon seit Langem den Glauben an Pflanzengeister. Britische Landarbeiter lehnten beispielsweise das Fällen von Holunderbäumen bis ins 20. Jahrhundert ab, aus Angst, den Zorn des Geistes auf sich zu ziehen, der im Baum lebt und ihn beschützt. Ein ähnliches Beispiel ist aus den südamerikanischen Anden bekannt, wo die Einheimischen glauben, dass die Kokapflanze (Erythroxylum coca, auch bekannt als Cocastrauch) durch „Mama Coca" geschützt wird, einen Geist, der respektiert werden möchte und zu dem gebetet werden muss, wenn sie die Blätter ernten und verwenden möchten.

Medizinische Traditionen und deren Fortschritt

Niemand zweifelt daran, dass unsere Vorfahren über viele Heilpflanzen und über beträchtliche Kenntnisse über die medizinischen Eigenschaften dieser Pflanzen verfügten. Bis ins 20. Jahrhundert gab es in jedem Dorf und jeder Landgemeinde viele Bräuche im Zusammenhang mit der Verwendung von Pflanzen. Einige einheimische Pflanzen wurden nach Überprüfungen auf ihre Nützlichkeit zur Behandlung einer Vielzahl von Beschwerden eingesetzt, unter anderem in Form von Tee, Balsam oder sogar als mit Schweineschmalz vermischte Salbe. Doch woher kommt dieses Wissen über Heilpflanzen? Auf diese Frage gibt es keine eindeutige Antwort. Kontinuierliches Testen und sorgfältige Beobachtung spielen hierbei vielleicht die wichtigste Rolle. Schließlich hatte der Mensch Jahrtausende Zeit, auf die positiven und negativen Auswirkungen des Verzehrs bestimmter Wurzeln, Blätter und Früchte zu achten. Das Beobachten von Tieren beim Fressen oder Reiben an bestimmten Pflanzen wurde ebenfalls Teil der medizinischen Tradition. Wenn Sie sich beispielsweise Schafe oder Rinder ansehen, werden Sie feststellen, dass diese einen nahezu untrüglichen Instinkt haben, giftige Pflanzen, wie das gerne auf Weiden wachsende Jakobskreuzkraut (Jacobaea vulgaris, alt: Senecio jacobaea), aber auch den Oleander (Nerium), zu meiden. Es wurde vermutet, dass Menschen wie Weidetiere über Instinkte verfügen, die es ihnen ermöglichen, giftige Pflanzen von Heilpflanzen zu unterscheiden.

Als sich die Zivilisation in Ägypten, im Nahen Osten, in Indien und China nach 3000 v. Chr. weiterentwickelte, nahm die Verwendung von Heilpflanzen zu und es erschienen die ersten Aufzeichnungen über Heilkräuter. Das um 1500 v. Chr. geschriebene ägyptische „Papyrus Ebers“ ist das älteste erhaltene Dokument seiner Art.

https://bit.ly/3JdiGIQ

Es listet Dutzende Heilpflanzen, ihre Verwendung sowie wichtige Zauber und Sprüche auf. Es gibt auch die „Veden“ (ursprünglich aus dem Sanskrit „veda“ = Wissen), die heiligen Schriften der Inder, die um 400 v. Chr. angefertigt wurden und viele Informationen zum damaligen Wissen über Heilpflanzen enthalten. Das Gleiche gilt für die „Caraka Samhita“, eine Sammlung medizinischer

Abhandlungen, die um 400 v. Chr. von Dr. Caraka verfasst wurden und Informationen zu etwa 350 Heilkräutern beinhaltet. Dazu gehören beispielsweise das Bischofskraut (Ammi visnaga, auch als Zahnstocherkraut bekannt), eine Pflanze aus dem Nahen Osten, die sich kürzlich als wirksam bei der Behandlung von Asthma erwiesen hat, sowie der Asiatische Wassernabel (Centella asiatica). Dieser wurde lange Zeit zur Behandlung von Lepra eingesetzt.

Das Ende der mystischen Ursprünge

Um 500 v. Chr. begann die Medizin, zumindest in entwickelten Kulturen, sich von der Welt der Magie und Geister zu trennen. Der griechische Hippokrates, der „Vater der Medizin", betrachtete Krankheiten eher als natürliches, weniger als ein übernatürliches Phänomen und glaubte, dass Medizin ohne Rituale und Magie funktionieren sollte. „Das Buch des Gelben Kaisers", der älteste chinesische Medizintext aus dem 1. Jahrhundert, befürwortet auch eine rationale Denkweise. So heißt es, dass bei der Heilung der gesamte Kontext zu berücksichtigen ist; ebenso die Symptome, innere Emotionen und Einstellungen. Sobald Geister einbezogen werden, kann nicht länger von Therapie gesprochen werden.

Hippokrates von Kos wurde im Jahr 460 v. Chr. geboren und erreichte in etwa ein Alter von 90 Jahren. Er trat in die Fußstapfen seines Vaters, reiste als Arzt durch Griechenland und Kleinasien und lebte viele Jahre auf den Inseln Thassos und Kos. Im Laufe seines Lebens schrieb Hippokrates viele Briefe an Ärzte und gab ihnen Ratschläge zur Behandlung von Patienten oder zur Diagnosestellung. In den meisten seiner Briefe schrieb er über seine größte Entdeckung – die Viersäftelehre.

Die Hippokratische Theorie besagt, dass der menschliche Körper vier verschiedene Flüssigkeiten produziert: Blut, Schleim, gelbe Galle und schwarze Galle. Laut Hippokrates geraten diese vier Stimmungen aus dem Gleichgewicht, wenn ein Mensch krank ist.

Hippokrates wird auch als „Vater der Medizin" bezeichnet, da er die erste medizinische Fakultät der Geschichte gründete. Auf Kos bildete er junge Ärzte aus und erkannte als Erster die Medizin als Wissenschaft an. Einige der dort festgelegten Regeln gelten auch heute noch für Ärzte. Die ärztliche Schweigepflicht bedeutet **die Verpflichtung eines Arztes, Stillschweigen über alle Umstände zu bewahren, die ihm in Ausübung seines Berufes über seine Patienten anvertraut oder bekannt sind.**

Nachdem Hippokrates verstorben war, setzten viele Wissenschaftler seine Forschungen fort. Im 2. Jahrhundert n. Chr. erlebte man sogar die Hippokrates-Renaissance, eine bedeutende Wiederbelebung seiner Theorien, und heute kann mit Recht behauptet werden, dass die Entdeckungen des Hippokrates bis heute Tausende von Menschenleben gerettet haben.

Wichtige Heilpflanzentraditionen

Bereits im 2. Jahrhundert v. Chr. gab es einen regen Handel zwischen Europa, dem Nahen Osten, Indien und Asien. Auch Heilkräuter und andere Pflanzen wurden über Handelsrouten transportiert. Die Gewürznelken (Syzygium aromaticum) sind beispielsweise auf den Philippinen und den Molukken beheimatet und werden seit dem 3. Jahrhundert v. Chr. nach China transportiert und erreichten schließlich die Ägypter um 176 n. Chr. Im Laufe der nächsten Jahrhunderte wuchs die Beliebtheit der Gewürznelke. Im 8. Jahrhundert war diese Pflanze, die für ihren aromatischen Geschmack sowie ihre antiseptischen und schmerzlindernden Eigenschaften geschätzt wird, in den meisten Teilen der Welt verbreitet. Als der Handel und das Interesse an Heilpflanzen und Gewürzen zunahmen, wurde damit begonnen, die Namen von Pflanzen mit bekannten medizinischen Eigenschaften und ihren Wirkungen aufzuschreiben. Im 1. Jahrhundert entstand in China das Buch „Der Klassiker der Wurzeln und Heilkräuter des gestaltenden Landmanns", vom Urkaiser der chinesischen Mythologie Shennong, welches 364 Einträge umfasst, darunter 252 Einträge zu Heilpflanzen wie Chinesischem Hasenohr (Bupleuri radix), Huflattich (Farfarae folium) und Asiatischem Süßholz (Glycyrrhiza glabra), welches der Lakritze seinen typischen Geschmack verleiht. Dieser taoistische Text legte den Grundstein für die Weiterentwicklung und Perfektionierung der chinesischen Kräutermedizin bis heute.

Der griechische Arzt Dioskurides verfasste im 1. Jahrhundert die erste europäische medizinische Arzneimittellehre, die „Materia Medica". Seine Absicht war es, ein grundlegendes und umfassendes Buch über Heilpflanzen zu schreiben, und dies gelang ihm mit großem Erfolg. Zu den von ihm genannten Pflanzen zählen unter anderem:

- Wacholder
- Ulme
- Pfingstrose
- Klette

Seine Beschreibungen von rund 600 Kräutern hatten einen unerwarteten Einfluss auf die westliche Medizin. In Europa galt es bis zum 17. Jahrhundert als Standardwerk und wurde in so unterschiedliche Sprachen wie Angelsächsisch, Persisch und Hebräisch übersetzt. Im Jahr 512 war die Materia Medica das erste Kräuterbuch, das Bilder der genannten Pflanzen enthielt. Es ist Anicia Julianna (*462; †527/528), der Tochter des römischen Kaisers Flavius Anicius Olybrius, gewidmet und enthält an die 400 ganzseitige Farbabbildungen.

Claudius Galen (*131; †199), Leibarzt des römischen Kaisers Marc Aurel, hatte einen ähnlichen Einfluss auf die Entwicklung der Kräutermedizin. Inspiriert von Hippokrates stützte er seine Theorie auf die Humoralpathologie, die Säftelehre. Und diese Idee prägte die Praxis der Medizin für die nächsten

1.400 Jahre. Auch Indien und China verfügten über komplexe medizinische Systeme, die an humorale Pathologien erinnern und bis heute erhalten sind. Obwohl die Heiltraditionen Europas, Indiens und Chinas sehr unterschiedlich sind, basieren sie alle auf der Theorie, dass ein Ungleichgewicht der Grundelemente des Körpers die Ursache von Krankheiten ist und es die Aufgabe des Arztes ist, das Gleichgewicht wiederherzustellen, auch mit der Hilfe von Pflanzen.

Phytotherapie im Mittelalter

Galens Theorien sowie die Lehren des Ayurveda und der Chinesischen Medizin hatten damals für die Mehrheit der Weltbevölkerung nahezu keine Bedeutung. Wie viele indigene Völker, die kaum Zugang zu moderner Medizin haben, waren die meisten Gemeinden und Dörfer bei der Behandlung von Krankheiten auf die Fähigkeiten lokaler Heiler und Frauen angewiesen. Obwohl sie von der traditionellen Medizin weitgehend unberührt blieben, verfügten sie über ein beträchtliches medizinisches Wissen, das sich aus der Tradition, ihrer Erfahrung in der Krankenpflege und Hebammentätigkeit sowie der Verwendung einheimischer Pflanzen als natürliche Apotheker ableitete.

Wir neigen heutzutage leider dazu, die Heilfähigkeiten scheinbar unentwickelter Kulturen, insbesondere des mittelalterlichen Europas, zu unterschätzen, obwohl viele Menschen damals über überraschend gute Kenntnisse über Heilpflanzen verfügten. Ausgrabungen eines von Mönchen betriebenen Krankenhauses in Schottland im 11. Jahrhundert ergaben die Verwendung exotischer Pflanzen wie Schlafmohn (Papaver somniferum) und Hanf (Cannabis sativa) als Schmerzmittel und Betäubungsmittel. Aber auch im 6. Jahrhundert waren selbst die Kräuterkundigen des Dorfes Myddfai in Südwales mit den Werken von Hippokrates vertraut und verwendeten eine breite Palette von Heilkräutern. Die Schriften, die uns aus dieser Zeit überliefert wurden, sind oft eine seltsame Mischung aus Aberglaube und Wissen. Zwei Rezepte aus dem 13. Jahrhundert geben hier Aufschluss. Das erste könnte von einem modernen, wissenschaftlich ausgebildeten Kräuterheilkundler geschrieben worden sein, das zweite ist reine Fantasie; aber **Achtung**: Von einem Versuch der Nachahmung ist dringlichst abzuraten!

Augenlicht verbessern

Nehmen Sie eine Handvoll Augentrost und Fenchel und eine halbe Handvoll Weinraute und stellen Sie ein Destillat her, um Ihre Augen täglich damit zu waschen.

Einen Wurm im Zahn zerstören

Nehmen Sie die Wurzel des Ferkelkrauts, zerdrücken Sie diese und legen Sie sie 3 Nächte auf Ihren Zahn, um den Wurm abzutöten.

Moderne Anwendung von Heilpflanzen in der Naturheilkunde und Schulmedizin

Wenn es um die Behandlung von Krankheiten geht, gewinnt die Pflanzenheilkunde in den letzten Jahren immer wieder an Bedeutung, denn obwohl es heute unzählige Medikamente auf dem Markt gibt, ist die Phytotherapie eine essenzielle Ergänzung zu konventionellen Therapiemethoden. Bereits zahlreiche Studien konnten die Wirksamkeit der Pflanzen bei den unterschiedlichsten Krankheiten und Beschwerden bestätigen, wie etwa die Behandlung von Depressionen, Schlafproblemen, Hautbeschwerden oder Verdauungsstörungen. Es gibt Pflanzen, die bereits seit einigen Jahren gegen Beschwerden in der Schulmedizin Verwendung finden, wie beispielsweise das Johanniskraut bei Depressionen (durch die Stärkung der Psyche) oder Arnika, welches durch seine schmerzstillende und entzündungshemmende Wirkung gerne bei Prellungen und Verstauchungen eingesetzt wird. Weitere Anwendungen sind unter anderem bei:

- **Magen-Darm-Problemen:** Hier findet die Kamille, Ingwer oder Pfefferminze ihren Einsatz. Sowohl Magenschmerzen, Übelkeit oder Blähungen können mit diesen Pflanzen sehr gut behandelt werden.
- **Hautkrankheiten:** Bei Problemen mit der Haut, sei es Ekzeme, Neurodermitis oder Unreinheiten, ist die Aloe vera oder auch die Ringelblume das Mittel der Wahl.
- **Entzündungen:** Als Heilpflanze kommt bei Entzündungen die Weidenrinde oder auch die Teufelskralle zum Einsatz. Beide besitzen entzündungshemmende Eigenschaften und sorgen so für Linderung.
- **Schlafstörungen:** Wer unter Schlafstörungen leidet, der wird oftmals mit Hopfen, Passionsblume oder Baldrian versorgt.

Wird die Phytotherapie parallel zu medizinischen Therapien eingesetzt, sollte dies immer unter ärztlicher Aufsicht erfolgen, um mögliche Wechselwirkungen mit schulmedizinischen Medikamenten zu vermeiden und mögliche allergische Reaktionen auszuschließen. Welche Wechselwirkungen und Nebenwirkungen es gibt, erfahren Sie im weiteren Verlauf dieses Buches.

Heilpflanzen in Verbindung mit Komplementärmedizin

Warum die komplementäre Medizin Kräuter in Verbindung mit schulmedizinischen Therapien einsetzt, hat verschiedene Gründe. Zum einen können Heilpflanzen unter anderem gemeinsam mit Medikamenten *den Heilungsprozess optimieren* und die Symptome einer Krankheit lindern. Daneben gibt es auch Mittel wie etwa Pfefferminze oder Ingwer, welche Übelkeit und Magenbeschwerden reduzieren, sollte ein Medikament oder auch eine Chemotherapie von einem Patienten nicht gut vertragen werden. Aus diesem Grund bedient sich die Schulmedizin immer häufiger pflanzlicher Präparate, um Nebenwirkungen zu minimieren. Heilpflanzen sind aber auch in der Lage, *die Wirkung von Medikamenten zu verbessern*. Bekommt ein Patient blutdrucksenkende Medikamente, so unterstützt Knoblauch beispielsweise diesen Effekt. Nicht zuletzt gehört auch die *präventive Maßnahme* dazu, denn Heilpflanzen wie Echinacea oder Holunder sind ein Booster für das Immunsystem und können, vor allem in der Erkältungszeit, vorbeugend gegen Grippe und allerlei anderer Erkältungssymptome eingenommen werden, während die Inhaltsstoffe im Cranberry- und Preiselbeersaft Hemmstoffe, sogenannte Proanthocyanidine, enthalten, die verhindern, dass sich Bakterien an der Blasenwand festsetzen. Kommt es dann doch zu einer akuten Blasenentzündung, ist die Echte Bärentraube als natürliches Antibiotikum sehr wirksam.

Die Homöopathie und die Phytotherapie im Vergleich

Wenn Sie von der Phytotherapie bereits gehört haben, so ist Ihnen die Homöopathie sicher ebenfalls ein Begriff. Die beiden Verfahren werden jedoch oftmals verwechselt. Nicht selten wird beides auch unter dem Begriff „Naturheilkunde" zusammengefasst, dabei handelt es sich hier um völlig unterschiedliche Ansätze, die sich in ihren Grundprinzipien und der Herangehensweise unterscheiden. Das Einzige, was diese beiden Ansätze gemeinsam haben, ist, dass homöopathische Mittel, neben tierischen und mineralischen Stoffen, auch Pflanzen als Ausgangsstoffe verwenden. Um Ihnen dies genauer zu erklären, lassen Sie uns einen Blick in die Homöopathie werfen.

Die Homöopathie

Wer an den Begriff Homöopathie denkt, der assoziiert diesen meist mit den beliebten weißen Kügelchen mit dem lateinischen Namen „Globuli". Die Begeisterung für die Homöopathie wächst stetig und sie gehört aufgrund ihrer positiven Wirkung zu den am häufigsten verwendeten Behandlungsmethoden. Der Körper wird hier als Ganzes betrachtet und nicht auf ein einzelnes Symptom reduziert. Bei richtiger Anwendung hat die Homöopathie keine Nebenwirkungen, während der Körper seine eigenen Heilkräfte aktiviert.

Die Homöopathie ist eine alternative Medizin, die auf dem Prinzip der Behandlung von „Ähnliches mit Ähnlichem" aus dem lateinischen „Similia similibus curentur" basiert und im Jahr 1800 von dem Leipziger Arzt und medizinischem Schriftsteller Christian Friedrich Samuel Hahnemann (*1755; †1843) begründet wurde. Dieses Prinzip bedeutet, dass die Symptome und Krankheiten eines Patienten nur mit Arzneimitteln gelindert und behandelt werden können, die diese Symptome bei gesunden Menschen verursachen und hervorrufen.

Beispiele:
Bei Fieber ist das Homöopathikum Belladonna ein gängiges Mittel. Dieses könnte jedoch bei gesunden Menschen, ohne vorherige überhöhte Körpertemperatur, Fieber auslösen.

Brennnesseln verursachen kleine Bläschen und Verbrennungen. In der Homöopathie heißt es „Urtica urens" und wird bei leichten Verbrennungen und Juckreiz eingesetzt.

Bei einer Erkältung ist das Nasensekret scharf und wund, die Augen tränen und brennen. Das Mittel der Wahl ist die Zwiebel, als Homöopathikum „Allium cepa" genannt, die bei einem gesunden Menschen genau solche Symptome hervorruft.

Eines von Hahnemanns eigenen Experimenten ist die Geburtsstunde seiner Idee. Er nahm mehrmals täglich die Chinarinde als gesunder Mensch ein. Daraufhin entwickelte er Fieber und dieselben Symptome, die eine Malariaerkrankung mit sich bringt, wie beispielsweise Angst, Schläfrigkeit, Durst und Herzrasen. Für ihn war nun klar, dass die Chinarinde Malaria heilt, weil diese die Symptome bei einem gesunden Menschen auslöst. Diese und andere Experimente führten Hahnemann zu dem Schluss, dass „Ähnliches mit Ähnlichem" geheilt wird. Seither gilt dies auch weiterhin als Grundlage der homöopathischen Lehre. Es werden Pflanzenextrakte, tierische Produkte, Metalle oder Salze gewählt, die in unverdünnter Form ähnliche Symptome wie die behandelte Krankheit hervorrufen. Ein weiteres Grundprinzip der Homöopathie ist die Potenzierung, das heißt, wie oft der Stoff verdünnt wird. Dabei wird das Ausgangsmaterial mithilfe von verschiedenen Wasser-Ethanol-Verdünnungen verschüttelt (verdünnt), wobei das Lösungsmittel die Informationen aus dem enthaltenen Stoff aufnimmt. Je öfter verschüttelt wird, desto höher ist die Wirksamkeit des homöopathischen Mittels.

Da die Homöopathie darin besteht, den Menschen als Einheit von Körper, Geist und Seele, also in seiner Ganzheitlichkeit, zu betrachten, muss für eine vollständige und individuelle Therapie, angepasst an die Symptome und Merkmale der Krankheit, eine detaillierte Anamnese (systematische Befragung) erfolgen. Bei der Suche nach dem richtigen homöopathischen Mittel ist diese besonders wichtig. Ziel ist es, die Krankheitsursache zu erkennen und zu behandeln, denn eine symptomatische Behandlung kann später wiederkehren, da die Ursachen lediglich unterdrückt wurden. Beispielsweise werden drei verschiedene Patienten mit den gleichen Symptomen oft mit drei verschiedenen Medikamenten behandelt, weil sie insgesamt unterschiedliche Hintergründe (und möglicherweise auch unterschiedliche Krankheiten) haben.

Doch worin genau liegt nun der Unterschied zwischen Homöopathie und Phytotherapie?

Jahrhundertelanges Wissen wird in der Kräutermedizin genutzt. Dies ist durch aktuelle medizinische Methoden bewiesen. Die Wirksamkeit pflanzlicher Arzneimittel bei der Behandlung der Erkrankung kann somit wissenschaftlich nachgewiesen werden. Die Homöopathie hingegen kann nicht mit wissenschaftlichen Methoden überprüft werden, da sie völlig anders definiert ist. Ein gutes Beispiel ist die sogenannte Dosis-Wirkungs-Beziehung. Laut traditioneller Medizin hat der Wirkstoff, egal ob chemisch oder in Form einer Heilpflanze, eine stärkere Wirkung und mehr Nebenwirkungen, desto mehr eine Person einnimmt. In der Homöopathie wird vom Gegenteil ausgegangen: Je verdünnter der Ausgangsstoff, desto stärker ist seine Wirksamkeit. Bei pflanzlichen Arzneimitteln sind bestimmte Inhaltsstoffe, wie zum Beispiel ätherische Öle, Alkaloide, Pflanzenfarbstoffe oder Bitterstoffe, gegen bestimmte Krankheiten wirksam oder stärken das Immunsystem. Umfangreich erforschte pflanzliche Arzneimittel sind mittlerweile eine gute Alternative zu chemischen Mitteln und haben in der Regel weniger Nebenwirkungen.

Evidenzbasierte medizinische Ansätze reichen leider nicht vollständig aus, um die Wirksamkeit der Homöopathie nachzuweisen. Letztendlich hängt die Auswahl homöopathischer Mittel in der täglichen Praxis vom Einzelnen und seinen primären Symptomen ab. Das bedeutet, dass ein an Gastritis Erkrankter möglicherweise das Homöopathikum Nux vomica benötigt, während zu einer anderen Person möglicherweise ein ganz anderes Medikament passt. Dies hängt von den einzelnen Symptomen (in der Homöopathie auch Kernsymptome genannt) ab. Daher ist zu erwarten, dass Studien, die diesen individuellen Faktor nicht berücksichtigen, schlechtere Ergebnisse für Homöopathen liefern. Da homöopathische Arzneimittel jedoch keine Nebenwirkungen haben, sofern das passende Mittel zum Krankheitsbild eingenommen wird, ist gegen deren Einnahme nichts einzuwenden. Auch wenn die Kritiker recht haben und „nur" der Placebo-Effekt wirkt, kann dies dennoch sehr nützlich sein, um die Selbstheilungskräfte anzuregen.

Unterschiede auf einen Blick:
Grundprinzipien: Homöopathie basiert auf dem Ähnlichkeitsprinzip. Verdünnte Substanzen rufen bei einem gesunden Menschen die Beschwerden hervor, die bei einem kranken Menschen gelindert werden.

Phytotherapie nutzt die Wirkstoffe aus Pflanzen, um Krankheiten und Beschwerden zu behandeln.

Herstellung: Die Homöopathie stellt ihre Mittel durch Verdünnung her, sodass das Arzneimittel nur noch Spuren beziehungsweise die Information der Substanz beinhaltet. Die Phytotherapie gewinnt die Wirkstoffe aus den Pflanzen und konzentriert diese entsprechend der gewünschten Wirkung.

Anwendung: Homöopathika finden oft bei chronischen und akuten Erkrankungen Anwendung sowie bei Allergien. Heilpflanzen werden vor allem bei Magen-Darm-Problemen eingesetzt, aber auch bei einer Vielzahl anderer Erkrankungen wie etwa Schlafstörungen, Hautproblemen und Entzündungen.

Nachvollziehbarkeit und Forschung: Die Wirksamkeit von Homöopathika kann wissenschaftlich nicht vollumfänglich bewiesen werden und ist dementsprechend umstritten. Es gibt sowohl Untersuchungen mit positiven Effekten, jedoch auch welche ohne überzeugende Beweise. Bei der Phytotherapie konnten Untersuchungen die Wirksamkeit belegen, weswegen es eine steigende Nachvollziehbarkeit hinsichtlich der Anwendung bei verschiedenen Krankheiten gibt.

Nachhaltige Ernte und Kultivierung von Heilpflanzen

Heilpflanzen lassen sich mit dem notwendigen Wissen im eigenen Garten oder im Haus anbauen. Wie dies funktioniert und was Sie dabei beachten sollten, erfahren Sie sogleich.

Wildkräuter im eigenen Garten: Anbau und Pflege von Heilpflanzen zu Hause

Der Anbau von Heilkräutern kann aufwendiger sein als der Kauf, aber das Gefühl, eigene Kräutermedizin herzustellen, macht dies wett. Viele Heilpflanzen (wie zum Beispiel Gartenthymian und Gartensalbei) lassen sich problemlos als Zimmerpflanzen auf der Fensterbank züchten, sodass die Versorgung mit frischem Pflanzenmaterial das ganze Jahr über gewährleistet ist. Es müssen jedoch einige Faktoren bei der Planung berücksichtigt werden – Freifläche, Lage, Boden und Klima. Um Ihnen den Einstieg zu erleichtern, enthält die folgende Tabelle Informationen zu zehn der häufigsten und nützlichsten Kräuter für einen Anbau bei gemäßigtem Klima. Es lohnt sich, auch Kräuter wie Kamille, Lavendel und Frauenmantel anzupflanzen, die in gemäßigten Klimazonen gut gedeihen.

Heilpflanze	**Anbau und Pflege**	**Verwendung**
Aloe vera	Standort mit Sonne, auch im Haus; wenig gießen nicht winterhart	Pflanzengel bei Verbrennungen und Wunden und als Hautpflegemittel
Echte Pfefferminze (Mentha x piperita)	Standort mit Sonne und feuchtem Boden; nicht austrocknen lassen winterhart	Aufguss für Verdauungsbeschwerden und Kopfschmerzen, Lotion für juckende Haut, wirkt krampflösend
Gartensalbei (Salvia nemorosa)	Standort mit Sonne und Schutz sowie trockener Boden winterhart	Aufguss für Halsbeschwerden, Entzündungen im Rachen, bei Mundgeschwüren und Durchfall
Gartenthymian (Thymus vulgaris)	Standort mit Sonne und trockenem Boden winterhart	Aufguss für Infektionen der Atemwege, Lotion für Pilzinfektionen, zum Spülen bei Zahnfleischentzündungen

Gemeiner Beinwell (Symphytum officinale)	Standort mit Wärme und Sonne sowie feuchter Boden winterhart	Salbe für Stauchungen und Prellungen (nur die Blätter verwenden), bei Hauterkrankungen und Wundbehandlungen
Mutterkraut (Tanacetum parthenium)	Standort mit Sonne und steiniger, trockener Boden winterhart	Tinktur oder frisches Blatt bei Kopfschmerzen, Migräne und vor allem bei Schwangerschaftsbeschwerden
Ringelblume (Calendula officinalis)	Standort vollsonnig und trockener Boden; Verblühtes ausputzen nicht winterhart	Creme für Schleimhaut-, Schnitt- und Schürfwunden, Sonnenbrand, entzündete Haut und als Aufguss bei Pilzinfektion
Rosmarin (Salvia rosmarinus)	Standort mit Sonne und Schutz nur bedingt winterhart	Aufguss als anregendes Nerventonikum und bei schwacher Verdauung, bei Atemwegs- und Erkältungsbeschwerden
Tüpfel-Johanniskraut (Hypericum perforatum)	Standort mit Halbschatten und trockenem Boden winterhart	Tinktur für Depressionen, da stimmungsaufhellend; Ölextrakt als Antiseptikum und für Wundheilung sowie bei Verbrennungen
Zitronenmelisse (Melissa officinalis)	Standort mit Sonne und feuchtem Boden; nach der Blüte schneiden winterhart	Aufguss bei Angst, nervösem Magen und Schlafproblemen, Lotion bei Lippenherpes

In Ihrem Garten sollten Sie eine Auswahl an winterharten Heilkräutern pflanzen, die sich leicht anbauen lassen und reichlich Blattmaterial für die Ernte liefern. Empfindlichere Arten sollten an geschützten, sonnigen Standorten oder in speziellen Behältern platziert werden. Viele Kräuter, wie die Minze, gedeihen gut in Töpfen, Hängekörben oder Blumenkästen, allerdings muss darauf geachtet werden, dass sie nicht austrocknen und regelmäßig umgepflanzt werden. Auf diese Weise wirken Sie einem verdichteten, verfilzten Wurzelballen entgegen. Kälteempfindliche Pflanzen, wie der Lorbeer, sollten, je nach Bedarf, in frostfreien, kühleren oder wärmeren Gegenden überwintert werden. Sind Sie im Besitz von einem Gewächshaus, einem Wintergarten oder haben Blumenfenster, probieren Sie doch einmal den Anbau exotischer Kräuter wie Zitronengras aus. Sie können zu medizinischen Zwecken oder als essbare Kräuter angebaut, vorab in Kübeln gezogen und später ins Freie gepflanzt werden. Empfindliche Pflanzen wie das Heilige Basilienkraut (indisches Basilikum) gedeihen gut im Innenbereich und einige Zimmerpflanzen wie Aloe vera wirken zudem hervorragend als Luftreiniger.

Der richtige Anbau

Folgende Faktoren sollten bei der Gartenplanung und der Kräuterauswahl berücksichtigt werden:

- Standort
- Temperatur
- Boden
- Gießen
- Pflanzenschnitt
- Jäten und Düngen
- Krankheiten und Schädlinge

Standort

Die meisten Kräuter mögen einen sonnigen Standort und einen Boden, der das Wasser gut durchlässt. Durch den Einsatz von Windschutzhecken kann die Lage nochmals verbessert werden. Empfindliche Kräuter sollten in geschützten Bereichen platziert werden.

Temperatur

Manche Pflanzen blühen nur bei einer bestimmten Temperatur. Mediterrane Kräuter sind in Deutschland oft nicht sehr winterhart, wie beispielsweise der Rosmarin. Bei längerem starken Frost sollten empfindliche Pflanzen abgedeckt werden, um ein Auskühlen zu verhindern. Die Überwinterung im Gewächshaus oder in kühlen Teilen des Hauses ist in unserem Klima oft die einzige Möglichkeit, subtropische Pflanzen anzubauen.

Gießen

Heilpflanzen richtig zu gießen, ist sehr wichtig. Haben Sie Kräuter mit großen, weichen Blättern gepflanzt, so benötigen diese mehr Wasser als Pflanzen mit kleinen, behaarten Blättern. Herrscht über eine längere Periode starke Hitze und Trockenheit, sollten Sie täglich nach Ihren Heilpflanzen schauen und prüfen, ob sie Wasser benötigen. Dafür stecken Sie einfach einen Finger in die Erde und testen, ob etwas Erde an Ihrem Finger haften bleibt – falls nicht, ist es Zeit zum Gießen.

Boden

Seine Zusammensetzung hängt von den Anteilen an Sand, Schlick und Lehm ab. Sandiger Boden ist wasserdurchlässig, benötigt aber viel Dünger. Lehmoberflächen können unter Feuchtigkeitsstau leiden und müssen eventuell mit einer Drainage versehen werden.

Pflanzenschnitt

Der Schnitt dient dazu, Holz zu entfernen, welches abgestorben ist, und um ein gesundes Wachstum zu erreichen. Dies ist eine wichtige Aufgabe, die für jeden Baum oder Strauch richtig und zur passenden Jahreszeit durchgeführt werden muss. Das Entfernen abgenutzter Teile stimuliert neues Wachstum, insbesondere bei Sträuchern. Auch Krankheiten und Schädlinge werden durch regelmäßigen Schnitt und Pflege im Zaum gehalten.

Jäten und Düngen

Da Unkräuter mit unseren Heilpflanzen um Wasser und Nährstoffe konkurrieren, müssen Sie auf unkontrolliertes Wachstum achten. Andererseits sollten die meisten Heilpflanzen, insbesondere solche aus dem Mittelmeerraum, nur wenig Dünger und feuchte Erde erhalten, da sie sonst weniger Wirkstoffe produzieren. Sandiger Boden muss jedoch regelmäßig gedüngt werden.

Krankheiten und Schädlinge

Pflanzenkrankheiten und Schädlinge können nur mit natürlichen Methoden bekämpft werden. Blattläuse sollten Sie mit Schwarztee, Seifenlauge oder Knoblauchbrühe besprühen. Um eine Infektion zu verhindern, müssen erkrankte Pflanzen isoliert werden.

Die Ernte

Selbst angebaute Pflanzen bieten regelmäßig frische Kräuter an. Die Ernte von Heilpflanzen erfordert eine sorgfältige Planung, da Sie ja nur hochwertige Kräuter ernten möchten. Anschließend müssen die Kräuter schnellstmöglich verarbeitet werden, um ihre Wirkstoffe zu erhalten. Hierbei ist auf folgende Punkte zu achten:

Die richtige Ausrüstung
Am besten nutzen Sie zum Sammeln der Kräuter ein Holztablett, einen Korb oder eine Leinentasche, damit die Pflanzen unbeschädigt transportiert werden können. Schneiden Sie sie mit einem scharfen Messer. Beim Kontakt mit Nesseln oder Stacheln sollten Handschuhe getragen werden.

Worauf Sie achten sollten
Nehmen Sie nur gesunde Pflanzen ohne Anzeichen von Insektenschäden oder Verunreinigungen. Beschädigte Exemplare sollten gemieden werden, da sie beim Trocknen häufig Krankheiten und Schimmel auf gesunde Pflanzen übertragen. In kleine Stücke geschnittenes Pflanzenmaterial sollte aufgrund der Verwechslungsgefahr nicht miteinander vermischt werden. Achten Sie auch unbedingt darauf, dass Sie in der freien Natur nur geringe Mengen (etwa eine Handvoll) sammeln.

Der richtige Zeitpunkt
Ernten Sie bei trockenem Wetter, vorzugsweise an einem sonnigen Morgen, nachdem der Tau verdunstet ist. Die Ernte der Pflanze zum Zeitpunkt ihrer höchsten Reife und bei optimalem Wetter gewährleistet eine hohe Konzentration ihrer Wirkstoffe. Die Blätter werden unmittelbar nach dem Öffnen der Knospen, etwa im Frühjahr und/oder Sommer, geerntet. Die Blüten ernten Sie, wenn die Blütezeit beginnt, und die Früchte kurz vor der Reife, während die Wurzeln erst im Herbst geerntet werden, wenn die Pflanze ihre Vitalität für den Winter unter der Erde entfaltet. Rindenstücke werden – meist im Frühjahr oder Herbst – sehr vorsichtig entfernt, um den Baum oder Strauch nicht zu stark zu beschädigen.

Die richtigen Pflanzenteile
Oftmals können einzelne Teile derselben Pflanze, etwa Samen und Blätter, unterschiedliche Wirkungen haben. Bei der Ernte sollte darauf geachtet werden, nur medizinisch erwünschte Teile zu sammeln.

Eine schnelle Verarbeitung
Es wird nur so viel Material geerntet, wie sofort verarbeitet werden kann, da frische Pflanzen schnell verdorren und oft ihre Wirksamkeit verlieren. Dies gilt insbesondere für aromatische Kräuter. Allerdings ist es immer am besten, auch Küchenkräuter und Salat gleich frisch zu essen, da fast alle Nährstoffe noch vorhanden sind. Legen Sie die gesammelten Kräuter vor der Verarbeitung für eine kurze Zeit draußen ins Freie, so können sich darin möglicherweise enthaltene Insekten noch entfernen, um nicht versehentlich mitverarbeitet zu werden.

Die richtige Lagerung

Damit Heilpflanzen ihre Wirksamkeit behalten, müssen sie ordnungsgemäß gelagert werden. Getrocknete Pflanzenteile werden am besten in sterilisierten, luftdichten Glasbehältern oder unbenutzten braunen Papiertüten an einem dunklen, trockenen Ort aufbewahrt. Metall- und Kunststoffbehälter sind hingegen nicht geeignet, da die Kräuter dadurch verunreinigt werden können, außerdem hebt Metall die therapeutische Wirkung auf. Bei korrekter Lagerung sind Pflanzen etwa 12 Monate haltbar. Sollten Sie die Pflanzen in Plastiktüten einfrieren, sind sie bis zu 6 Monate haltbar. Es ist wichtig, den Behälter genau mit dem Namen der Pflanze, der Herkunft, dem Erntedatum und der Stärke des Präparats zu beschriften, sofern Ihnen dies bekannt ist. Im Falle eines Insektenbefalls muss das gesamte Material entsorgt und der Behälter erneut sterilisiert werden.

Wie Sie Ihre Pflanzen richtig verarbeiten

Kräuter konservieren Sie am besten an der Luft oder im Ofen, und beachten Sie, dass Pflanzen nie auf bedrucktem Papier, sondern auf Küchenrollenpapier platziert werden sollten. Getrocknete Kräuter können in einem dunklen Glas mit Schraubdeckel oder in einer braunen Papiertüte mehrere Monate aufbewahrt werden. Verarbeitet werden können:

- Früchte und Beeren
- Große Blüten
- Kleine Blüten
- Pflanzensaft und -gel
- Rinde
- Samen
- Sprossteile
- Unterirdische Pflanzenteile (Rhizome/Wurzeln)

Früchte und Beeren

Früchte und Beeren werden im Frühherbst geerntet, wenn sie reif, aber noch fest sind, denn überreife Früchte trocknen nicht sonderlich gut aus. Früchte und Beeren können einzeln oder zusammen mit Stängeln gepflückt werden. Dazu einen Teller mit einem Küchentuch auslegen, die Beeren darauf verteilen und 3 bis 4 Stunden im 40 bis 50 Grad Celsius warmen Backofen bei leicht geöffneter Tür trocknen lassen. Legen Sie das Tablett zum weiteren Trocknen an einen warmen, dunklen Ort und wenden Sie die Beeren gelegentlich und entfernen Sie alle schimmeligen Teile.

Große Blüten

Die Blüten werden üblicherweise gepflückt, sobald sich ihre Knospen öffnen. Manchmal werden nur bestimmte Teile benötigt, wie zum Beispiel bei der Ringelblume, bei anderen Mitteln wird die ganze Blüte verwendet. Trennen Sie die großen Blütenköpfe vom Stiel und entfernen Sie alle Insekten oder Erde. An einem trockenen Ort auf Küchenpapier auslegen, damit die Luft dazwischen frei zirkulieren kann. Füllen Sie die Trockenblumen vorsichtig in eine braune Papiertüte oder füllen Sie sie in ein dunkles Schraubglas.

Kleine Blüten

Kleine Blüten wie der Lavendel können am Stiel trocknen. Hängen Sie es mit der Blütenseite nach unten über ein Tablett. Füllen Sie den Lavendel dann in eine braune Papiertüte.

Pflanzensaft und -gel

Sammeln Sie Pflanzensaft nur aus Ihrem eigenen Garten. Die besten Erntezeiten liegen im Frühling, wenn der Saft steigt, und im Herbst, wenn er wieder fällt. Der milchige Saft von Pflanzen wie Löwenzahn wird durch Pressen der Stängel in eine Schüssel gewonnen. Tragen Sie jedoch immer Handschuhe, da manche Pflanzensäfte aggressiv sind und die Haut reizen – vor allem bei Sonneneinstrahlung. Aloe-vera-Gel wird gewonnen, indem Sie die Aloe-Blätter der Länge nach öffnen, die Ränder nach außen biegen und das Gel herausstreichen.

Rinde

Entfernen Sie die Rinde nur von Ihren eignen Bäumen und Sträuchern, denn zu häufiges Entfernen der Rinde kann zum Absterben der Pflanzen führen. Die Rinde sammeln Sie am besten von Ästen und Zweigen, die ohnehin im Frühjahr geschnitten werden. Sie werden im Herbst geerntet, wenn der Saft nicht mehr steigt. Säubern Sie die Rinde, schneiden Sie sie in kleine Stücke und lassen Sie sie auf einem Tablett trocknen. Danach können Sie sie zu einer Tinktur verarbeiten.

Samen

Sammeln Sie im Spätsommer ungeöffnete Schoten, Samenkapseln oder Stängel mit Fruchtständen. Die Stiele der sehr kleinen Samen werden kopfüber zu einem kleinen Bündel in eine Papiertüte gelegt, trocknen gelassen und anschließend geschüttelt. Lesen Sie größere Samen von Hand auf.

Sprossteile
Dazu gehören alle oberirdischen Pflanzenteile wie Blüten, Blätter, Stängel, Beeren und Samen. Unmittelbar nachdem die Pflanze zu blühen beginnt, schneiden Sie ihre Stängel etwa 5 bis 10 cm über dem Boden ab. Bei Stauden lassen Sie einen größeren Abstand zum Boden, sodass Sie auch in späteren Jahren noch ernten können. Kleinere Blüten und Blätter bleiben am Stiel, größere werden sortiert und separat getrocknet.

Hängen Sie Bündel von 8 bis 10 Stielen an einen warmen, gut belüfteten und dunklen Ort. Binden Sie die Stängel und Blätter nicht zu fest zusammen, damit die Luft noch ungehindert zirkulieren kann. Sobald die Stängel leicht trocken, aber nicht staubtrocken sind, entfernen Sie die Blätter, Blüten, Fruchtstände und kleinen Stängel. Legen Sie die trockenen Pflanzenteile zum Lagern in ein dunkles Schraubglas oder eine braune Papiertüte.

Unterirdische Pflanzenteile
Wurzeln, Knollen und Zwiebeln werden im Herbst gesammelt, wenn die Triebteile abgestorben sind, der Boden aber noch nicht durchnässt oder gefroren ist. Viele Wurzeln können in den ersten Frühlingsmonaten geerntet werden, bevor sie ihre Kraft an den Trieb abgeben. Schneiden Sie die Wurzeln möglichst vorsichtig aus dem Boden. Wenn Sie lange Pfahlwurzeln ernten möchten, schneiden Sie so viel wie nötig ab. Waschen Sie die Wurzelteile gründlich unter warmem Wasser. Entfernen Sie unnötige Seitenwurzeln und faule Stellen. Mit einem scharfen Messer schneiden Sie sie dann in dünne Scheiben oder Stücke, verteilen sie auf einem mit Küchenpapier ausgelegten Backblech und lassen sie 2 bis 3 Stunden im warmen, ausgeschalteten Backofen bei leicht geöffneter Tür trocknen. Anschließend können sie an einem warmen Ort noch weiter vollständig trocknen.

Standarddosis: Wie Sie nun Ihre Heilpflanzen verarbeiten und welche Formen der Verarbeitung es gibt, erfahren Sie im nächsten Kapitel.

Die Ernte von Wildpflanzen

Wildpflanzen sind nicht nur eine kostenlose Quelle pflanzlicher Arzneimittel, sondern enthalten oft auch mehr Wirkstoffe als Kulturpflanzen, da sie unter optimalen Bedingungen wachsen. Eine genaue Identifizierung ist äußerst wichtig. Im Zweifelsfall ist es am besten, wenn Sie die Pflanze stehen lassen, bevor Sie sich am Ende noch vergiften. Häufige Arten wie Brennnesseln können bedenkenlos an fast jedem Ort gepflückt werden, der nicht gerade von Hunden besucht wird. Es gibt auch Arten, deren Vorkommen stark gefährdet ist. Solche Pflanzen stehen in vielen Ländern unter Naturschutz und dürfen daher nicht geerntet werden. Wer dies doch tut, dem drohen hohe

Geldstrafen. In Naturschutzgebieten gilt sogar ein generelles Ernteverbot für ansonsten ungeschützte Pflanzen. Mehr zur Wildsammlung und dem Pflanzenschutz erfahren Sie im weiteren Verlauf.

Bedenken Sie auch, dass Sie Pflanzen nicht an Straßenrändern, auf Flughäfen, auf gedüngten Feldern oder im Windschatten von Fabriken sammeln sollten, da diese oft mehr Schadstoffe und Umweltgifte als Wirkstoffe enthalten.

Wildsammlung vs. Anbau

Um Heilpflanzen zu gewinnen, können Sie, wie schon vorgeführt, diese sowohl selbst anbauen als auch in der Natur sammeln. Beides hat seine Vor- und Nachteile, die Ihnen nun aufgezeigt werden und Ihnen dabei behilflich sein können, zu welcher Methode Sie lieber greifen möchten.

Vorteil Wildsammlung:
Da die Heilpflanzen in ihrem natürlichen Lebensraum und zu ihren optimalen Bedingungen wachsen, enthalten sie meist eine höhere Konzentration an Wirkstoffen. Es kommt allerdings darauf an, wo die Pflanze gesammelt wurde, denn, wie bereits erwähnt, können Pflanzen in Straßennähe mit Abgasen belastet sein.

Nachteil Wildsammlung:
Hier ist vor allem die Ausbeutung und Übernutzung das Hauptproblem. Kommt es zu einem unkontrollierten und nicht nachhaltigen Sammeln von Pflanzen, wirkt sich dies unweigerlich negativ auf die natürlichen Bestände aus und kann im ungünstigen Fall zur Ausrottung der Pflanze führen. Außerdem haften nicht selten Umweltbelastungen, Schwermetalle oder Pestizide an der gesammelten Pflanze. Hier ist es besonders wichtig, darauf zu achten, was sich unmittelbar in der Nähe des Standorts befindet. Weiterhin besteht Verwechslungsgefahr mit ähnlich aussehenden, jedoch toxisch wirkenden Pflanzen.

Vorteil Anbau:
Werden Heilpflanzen angebaut, geschieht dies gezielt in kontrollierten Umgebungen. Bestände wild wachsender Pflanzen, vor allem jene, die gefährdet sind, werden dadurch geschützt und die Qualität kann zudem besser kontrolliert werden.

Nachteil Anbau:
Wer Heilpflanzen selbst anbauen möchte, muss über ein Know-how verfügen, denn nur so können die optimalen Bedingungen geschaffen werden, die eine Pflanze fordert, um wachsen und gedeihen zu können. Weiterhin erfordert der Anbau Zeit und Ressourcen.

Die Bedeutung des Pflanzenschutzes und des Erhalts seltener Heilpflanzenarten

Obwohl die meisten unserer Medikamente heute industriell hergestellt werden, basieren mehr als die Hälfte auf Heilpflanzen oder deren Inhaltsstoffen. Von den mittlerweile etwa 50.000 Heilpflanzenarten sind etwa 15.000 bedroht. Nur eine nachhaltige Landwirtschaft und eine sorgfältige Sammlung von Wildpflanzen können diesen Abwärtstrend umkehren. Dadurch bleibt die Vielfalt der Heilpflanzen sowohl als Einnahmequelle als auch für Konsumenten pflanzlicher Arzneimittel erhalten.

Heilpflanzen sind Teil der Artenvielfalt unseres Planeten. Diese werden weltweit für medizinische Zwecke verwendet – sei es in der traditionellen oder modernen Medizin. Die meisten Heilpflanzen werden aus der Wildnis gesammelt, weil ihre Anbaukosten oft zu hoch sind, die Pflanzen sich nicht für den Anbau eignen oder Wildpflanzen als wirksamer gelten. Vor allem die ärmeren Menschen in den sogenannten Dritte-Welt-Ländern haben kaum eine Möglichkeit, Medikamente bei einer herkömmlichen Apotheke zu erwerben, weswegen Heilpflanzen von ihnen kostenfrei in der Natur gesammelt werden. Für viele Menschen ist das Sammeln von Wildpflanzen auch die einzige Einnahmequelle. Doch die Internationale Union für Naturschutz (IUCN) schätzt, dass bereits bis zu 15.000 Heilpflanzenarten vom Aussterben bedroht sind. Dies macht vor allen Dingen Sammlern, Züchtern und Verbrauchern große Sorgen. Um diesen Abwärtstrend zu verhindern, hat die Naturschutzorganisation WWF (World Wide Fund For Nature) gemeinsam mit internationalen Partnern wie The Traffic den „Internationalen Standard zur nachhaltigen Wildsammlung von Heilpflanzen“ (ISSC-MAP) erarbeitet. Der Schwerpunkt des Standards liegt auf den weitgehend vernachlässigten Umweltaspekten von guten Sammelpraktiken, kurz „GSP“: der Notwendigkeit sorgfältiger, aber erschwinglicher Ressourcenbewertungen und der Bestimmung nachhaltiger Erntemengen. Der Standard berücksichtigt aber auch soziale und wirtschaftliche Faktoren. ISSC-MAP baut bestehende Prinzipien, Richtlinien und Standards für nachhaltige Forstwirtschaft, ökologischen Landbau und gute landwirtschaftliche Praktiken, fairen Handel und Produktqualität auf, ohne sie zu ersetzen. Seit 2008 laufen ISSC-MAP-Projekte in verschiedenen Ländern, wie

- China,
- Indien,
- Brasilien,
- Bosnien und Herzegowina,
- Nepal,
- Kambodscha und
- Südafrika.

Die Organisation FairWild

Beispiel anhand des kenianischen Weihrauchs

Frauen des Samburu-Stammes im Norden Kenias sammeln Weihrauchharz. Einfach ist dies nicht, denn lange, scharfe Dornen an den Bäumen erschweren die Arbeit. Die Frauen müssen sich bei der Wache abwechseln, um sich vor wilden Tieren wie Löwen und Elefanten zu schützen. Trotzdem ist die Arbeit beliebt, Samburu-Frauen bleiben hier in der Halbwüste oft 2 oder 3 Tage lang vom täglichen Leben ihres Dorfes fern. Beim Harzsammeln singen sie viel miteinander und wissen, dass sie für ihre Arbeit gutes Geld bekommen.

Vielleicht ist Ihnen Weihrauch nur in Zusammenhang mit der Kirche bekannt. Doch das Harz, welches auch Olibanum genannt wird, hat mittlerweile immer mehr kosmetischen und medizinischen Wert. Es steckt in Anti-Aging-Cremes und Parfüms, soll antiseptisch wirken und hilft unter anderem bei Rheuma, Asthma und Bronchitis. Manche glauben sogar, dass es eine heilende Wirkung bei Krebs hat. Samburu-Frauen schneiden vorsichtig kleine Schlitze in die Baumrinde, damit der harzige Weihrauchsaft herausfließen kann. Sie achten darauf, den Baum nicht ernsthaft zu beschädigen, denn sie ernten kein Harz von einer Plantage, auf der ständig neue Pflanzen wachsen. Sie sammeln wertvolle Rohstoffe von Wildbäumen mitten im trockenen Norden Kenias. Es ist alles andere als ungewöhnlich, dass die meisten Heilpflanzen – auch für den deutschen Markt – in freier Wildbahn gesammelt werden. Viele Kräuter sind sehr schwer anzubauen und es dauert – wenn überhaupt – Jahre, bis sie ihre volle Heilkraft entfalten. Der kommerzielle Anbau ist für die Produzenten oft nicht rentabel. Doch je größer die Nachfrage nach einer bestimmten Pflanze ist und je mehr Sammler auf diese als Einnahmequelle angewiesen sind, desto größer ist das Risiko einer Übernutzung oder sogar des Aussterbens der Pflanze. Die Samburu-Frauen wissen, dass sie nur durch das Sammeln von Weihrauch auf Dauer überleben können, wenn sie die Bäume am Leben erhalten. Sie sind Teil von FairWild, Kenias nachhaltigem Harzernteprogramm. Die größte Bedrohung für wild lebende Heilpflanzen besteht darin, dass sie oft nicht nachhaltig geerntet werden und das ist ein großes Problem, denn der Handel mit Wildpflanzen ist mittlerweile ein großer Wirtschaftszweig mit einem jährlichen Exportumsatz von mehr als 2 Milliarden Dollar. FairWild könnte die Lösung des Problems sein: Ein international anerkannter Standard für die nachhaltige Sammlung von Heilpflanzen wurde vom WWF, dem Bundesamt für Naturschutz (BfN), der Weltnaturschutzunion IUCN (International Union for Conservation of Nature) und dem Artenschutznetzwerk TRAFFIC mit Industriepartnern entwickelt.

FairWild regelt nicht nur Erntezeiten, Ruhezeiten und welche Pflanzenteile entfernt werden dürfen, um dauerhafte Schäden zu verhindern, sondern gewährleistet außerdem einen fairen Lohn für Sammler, die oft zu den Ärmsten in ihrer Region gehören. Die Schaffung eines solchen Standards ist von Erfolg gekrönt, weil er Regierungen, Einzelhändlern und Sammlern auf der ganzen

Welt spezifische Richtlinien für fürsorgliche und ökologische Praktiken vorgibt. Auch das Samburu-Volk im Norden Kenias profitiert von einem fairen Lohn sowie einem Preisfonds, der für die sozialen Belange der Dorfgemeinschaft geschaffen wurde. Mit diesem Geld kaufen sie Lebensmittel, Kleidung und Bücher für ihre Kinder und bezahlen Schulgebühren. Soziale und ökologische Aspekte setzen neue Maßstäbe bei Produktstandards. Jetzt ist es wichtig, dass viele Unternehmen diesem Beispiel folgen und FairWild-Rohstoffe in ihren Produkten verwenden.

Was wir als Endverbraucher tun können:
Kenianischer Weihrauch ist nur eines von unzähligen Beispielen. Ob Medizinprodukte, Kosmetika oder Lebensmittel: Unser Bedarf an Kräutern und Gewürzen steigt stetig. Die Pharmaindustrie nutzt jedes Jahr Tausende Tonnen Wirkstoffe aus der Natur. Doch wie bereits erwähnt, sind derzeit rund 15.000 Heilpflanzenarten durch Raubbau und Lebensraumverlust bedroht. Verbraucher sollten auf das FairWild-Logo achten und insbesondere nach Produkten mit dieser Zertifizierung fragen. Ökologische und schonende Sammelmethoden sollten weltweit entwickelt und gefördert werden, denn wir wollen die Artenvielfalt der Heilpflanzen weltweit erhalten und können auf viele Inhaltsstoffe nicht verzichten. Wenn Menschen in den ärmsten Ländern unserer Welt krank werden, ist die einzige Möglichkeit, sich an Naturapotheken zu wenden. Aber auch westliche Industrieländer sind auf Heilpflanzen angewiesen. Mit dem FairWild-Siegel für nachhaltige und sozialverträgliche Wildernte können wir den wichtigen Rohstoff Heilpflanzen sichern und die Lebensgrundlage der Menschen vor Ort langfristig sichern. Allerdings muss sich das Siegel noch im Markt etablieren. Die Chancen stehen gut. Nun liegt die Erhaltung vieler wertvoller Kräuter und Gewürze auch in den Händen der Verbraucher.

Der menschliche Einfluss ist nicht mehr auf landwirtschaftliche Felder beschränkt. Heute gibt es nur wenige Ökosysteme, die nicht von Menschenhand verändert wurden. Seit dem 20. Jahrhundert zählen wir Menschen uns zu den „Herrschern der Biosphäre". Der Ausdruck wurde vom amerikanischen Historiker John McNeill geprägt. Wir entscheiden, was auf der Erde wächst und gedeiht, ob willentlich, wie etwa der Anbau von Kartoffeln und Reis, oder unbeabsichtigt, denn einzelne Pflanzen profitieren sogar vom Mensch. Dazu gehören sehr konkurrenzfähige Pflanzen, die bei ihrer Ausbreitung Arten verdrängen oder Ökosysteme und damit die Artenvielfalt beeinträchtigen können. In unserer Nachbarschaft breiten sich invasive Arten aus, insbesondere in Ökosystemen, die durch menschliche Aktivitäten gestört wurden. Hierzu zählen beispielsweise artenarme Wälder oder Gewässer, die regelrecht überdüngt wurden. In Deutschland sind unter anderem die Späte Traubenkirsche mit ihren giftigen Samen und die Schmalblättrige Wasserpest invasive Arten.

Der Klimawandel und seine Auswirkungen auf die Pflanzenwelt

In der heutigen Zeit gehört der Klimawandel zu den größten Herausforderungen und ist in aller Munde. Nicht nur das Wetter und die Umwelt stehen unter seinem Einfluss, sondern auch die Pflanzen, darunter viele Heilpflanzen. Der durch den Klimawandel bedingte Temperaturanstieg und veränderte Niederschlagsmengen wirken sich erheblich auf Heilpflanzen aus. Viele dieser Pflanzen sind auf bestimmte klimatische Bedingungen angewiesen, um zu wachsen und medizinische Eigenschaften zu entwickeln. Mit steigenden Temperaturen ändern sich diese Bedingungen jedoch, was zu Veränderungen in der Verbreitung von Heilpflanzen führt. Frühere Studien haben gezeigt, dass einige Heilpflanzen bei höheren Temperaturen in höhere Bergregionen fliehen. Dies kann ihren Zugang zu Medikamenten beeinträchtigen, da natürlich auch der Zugang zu diesen Bereichen schwieriger ist. Wenn bestimmte Pflanzenarten aussterben oder bedroht sind, gehen nicht nur wertvolle Informationen über ihre medizinische Verwendung verloren, sondern auch die genetische Vielfalt, die für die Fortpflanzung und die Entwicklung neuer Medikamente von entscheidender Bedeutung ist. Folgende Pflanzen sind bereits bedroht und stehen unter Schutz:

Indische Kostuswurzel (Saussurea costus) – streng geschützt

Ein 30 bis 40 cm großes Kraut mit langen Wurzeln, welches mehrjährig dunkelviolett blüht. Verbreitet ist die Pflanze in Indien und Pakistan, doch es gibt auch Kulturen in China.

Verwendung: Getrocknete Rhizome; in der Traditionellen Chinesischen, Tibetischen und Ayurvedischen Medizin wird das Öl als Stärkungsmittel, bei Appetitlosigkeit und Nervosität sowie bei verschiedenen anderen Beschwerden verwendet. Als Aphrodisiakum hat das Öl antibakterielle und antiasthmatische Wirkungen. Im Handel erhältlich ist es unter anderem in Form von Kapseln, Tabletten, Räucherwerk und TCM-Arzneimittel.

Gefährdung: Obwohl der Großteil dieser Pflanze bereits aus dem Anbau stammt, ist das Sammeln von Heilpflanzen immer noch die Hauptursache für die Gefährdung von Wildpflanzen, da deren natürliche Verbreitung sehr gering ist.

Schutz: Die Indische Kostuswurzel ist die einzige Heilpflanze, die so gefährdet ist, dass der internationale Handel regulär verboten und nur in Ausnahmefällen offiziell erlaubt ist. Diese Genehmigungen werden fast ausschließlich für landwirtschaftliche Nutzpflanzen erteilt.

Afrikanisches Stinkholz (Prunus africana) - geschützt

Dieser immergrüne Baum kann bis zu 30 m hoch werden. Der Name von diesem Rosengewächs lässt sich durch den unangenehmen Geruch zurückführen, wenn die Rinde frisch geschnitten wird. Verbreitet ist der Stinkholz in afrikanischen Bergwäldern über 1.000 Meter Seehöhe.

Verwendung: Getrocknete Rinde; Verwendung in der Traditionellen Afrikanischen Medizin; gut bei Prostataerkrankungen und mittlerweile wird es weltweit zunehmend eingesetzt. Im Handel ist sie unter anderem als Tabletten und Kapseln erhältlich.

Gefährdung: Die internationale Nachfrage ist in den letzten Jahren enorm gestiegen. Entsprechend stieg der Druck auf die Bestände, da die Produkte praktisch nur aus Wildsammlungen stammen. Die Nutzung ist meist nicht baumfreundlich, insbesondere wenn die Gewinnung illegal erfolgt, werden die Bäume oft einfach gefällt.

Schutz: Der internationale Handel mit dieser Pflanze und Produkten, die ihre Wirkstoffe enthalten, ist nur mit behördlicher Genehmigung gestattet. Ausgenommen sind Samen, Sporen und Pollen.

Hoodia (Hoodia spp.) - geschützt

Diese Pflanze sieht mit ihren dicken, dornigen Stämmen wie ein Kaktus aus. Sie wächst nur sehr langsam und erreicht dabei eine Höhe von 60 cm. Verbreitet ist die Hoodia in Trockengebieten südlich in Afrika.

Verwendung: Ganze Pflanzen, frisch oder getrocknet; besonders von San-Völkern wird sie traditionell verwendet. Hoodia wirkt appetithemmend und ist somit ein kommerziell intensives Diätmittel. Im Handel erhältlich unter anderem als Kapseln, Kaugummis oder Oralsprays.

Gefährdung: Die kommerzielle Nutzung stellt die größte Bedrohung für die langsam wachsende Pflanze mit geringer Dichte dar. Hoodia-Produkte werden weltweit und häufig auch online verkauft. Aufgrund des langwährenden Anbaus von Hoodia stammen die Pflanzen größtenteils aus einer Wildsammlung, die häufig durch radikales Schneiden der gesamten Pflanze erfolgt, was zur schnellen vollständigen Zerstörung kleiner Exemplare führt.

Schutz: Internationaler Handel aller Arten und Produkte, die diese Pflanzen enthalten, sind nur mit behördlicher Genehmigung gestattet. Nur Teile oder Produkte mit der Aufschrift „Hergestellt aus Hoodia-spp. – Material aus kontrollierter Ernte und Erzeugung in Zusammenarbeit mit der CITES-Vollzugsbehörde von Botswana/Namibia/Südafrika auf der Grundlage des Abkommens Nr. BW/NA/ZA xxxx" – sind erlaubt.

Wüstencistanche (Cistanche deserticola) – geschützt

Diese parasitische Pflanze lebt auf Wurzeln ganz bestimmter Sträucher und erreicht eine Höhe von 10 bis 50 cm. Verbreitet ist die Pflanze in China und in der Mongolei vor allem in Wüstengebieten.

Verwendung: Getrocknete unterirdische Pflanzenteile; wird seit Tausenden von Jahren in der Traditionellen Chinesischen Medizin bei Nierenerkrankungen, Impotenz und Unfruchtbarkeit verwendet; Präparate zur Förderung des Sexuallebens auf dem Weltmarkt. Im Handel ist sie z. B. als Kapseln und TCM-Medikamente erhältlich.

Gefährdung: Die natürliche Population ist bereits um etwa 80 % zurückgegangen, was neben der Zerstörung von Wirtspflanzen vor allem auf die übermäßige Verwendung zu medizinischen Zwecken zurückzuführen ist. Derzeit stammt das Material fast ausschließlich aus natürlicher Sammlung, da der Anbau der Wirtspflanzen schwierig und langfristig ist.

Schutz: Der internationale Handel mit der Pflanze und Produkten, die die Pflanze enthalten, ist nur mit behördlicher Genehmigung gestattet. Die einzigen Ausnahmen sind Samen, Sporen und Pollen.

Kanadische Gelbwurz (Hydrastis canadensis) – geschützt

Die Kanadische Gelbwurz ist ein Hahnenfußgewächs und 20 bis 50 cm hoch. Der Wurzelstock ist leuchtend gelb gefärbt. Verbreitet ist die Pflanze in naturnahen Wäldern südöstlich in Kanada sowie nordöstlich der USA.

Verwendung: Getrocknete Rhizome; von den amerikanischen Ureinwohnern als Heilpflanze verwendet; seit dem 18. Jahrhundert wird es für medizinische Zwecke zur Behandlung von Entzündungen, Infektionen, Schleimhautschäden, Durchfall und Krankheiten im Zusammenhang mit Immunschwäche sowie in der Homöopathie verwendet. Auf dem Markt erhältlich sind unter anderem Tropfen, Tabletten und Salben.

Gefährdung: Der Verlust von Lebensräumen und die Ausbeutung als Heilpflanze haben zu einem starken Bevölkerungsrückgang geführt. Diese einst weitverbreitete Art kommt heute nur noch in kleinen, isolierten Exemplaren vor. Obwohl auch diese Pflanze angebaut wird, ist die Nachfrage nach dieser Wildpflanze immer noch hoch, da Zubereitungen aus der Kanadischen Gelbwurz beliebter sind.

Schutz: Der internationale Handel im Ganzen, in Teilen oder in gemahlener Pulverform ist nur mit behördlicher Genehmigung gestattet.

Asiatische Eiben (Taxus chinensis) – geschützt

Die Asiatische Eibe ist ein sehr langsam wachsender, aber immergrüner Baum mit nadelförmigen Blättern und in Asien verbreitet.

Verwendung: Schösslinge, Blätter und Rinde; wird in der Traditionellen Chinesischen und Ayurvedischen Medizin genutzt; seine Verwendung ist weltweit verbreitet, da der Wirkstoff „Paclitaxel" in der Rinde und den Blättern entdeckt wurde und sich bei der Behandlung bestimmter Krebsarten als wirksam erwiesen hat. Auf dem Markt erhältlich unter anderem in Form von Injektionen, Infusionen und in TCM-Medikamenten.

Gefährdung: Um den hohen Bedarf an Paclitaxel zu decken, wird seit 1992 in großem Umfang die Asiatische Eibe verwendet. Für die Herstellung von 1 kg Paclitaxel wird die Rinde von 1.000 bis 3.000 Eiben benötigt. Da die Eibe extrem langsam wächst, erholen sich die Bestände aufgrund der Übererntung nur schwer und die Plantagen können die Nachfrage nicht decken.

Schutz: Der internationale Handel mit fünf Taxus-Arten und Produkten, die diese Pflanzen enthalten, ist nur mit behördlicher Genehmigung gestattet. Ausnahmen bilden Samen, Pollen und fertige Produkte, die verpackt und für den Einzelhandelsverkauf bereitstehen.

Afrikanische Teufelskralle (Harpagophytum spp.) – handelsüberwacht

Diese krautige Pflanze besitzt verholzende Früchte mit Widerhaken, außerdem dringen die Speicherwurzeln bis zu 2 m tief in die Erde ein. Verbreitet ist die Pflanze südlich in Afrika.

Verwendung: Getrocknete Speicherknollen; traditionelle und mittlerweile medizinische Anwendung als Schmerzmittel, Behandlung von entzündlichen Erkrankungen des Bewegungsapparates und des Verdauungssystems sowie Stoffwechselstörungen; Homöopathie und Ayurveda-Medizin. Auf dem Markt erhältlich sind unter anderem Tabletten, Kapseln, Salben und Tees.

Gefährdung: Die enorme internationale Nachfrage hat zur Entstehung zerstörerischer Methoden zur Beschaffung geführt, die eine Bedrohung für viele Arten der Teufelskralle darstellen. Der Anbau von diesen Pflanzen ist noch nicht ökonomisch, daher besteht nach wie vor ein hoher Bedarf an der Sammlung wilder Populationen.

Schutz: Bei der Einfuhr von getrockneten und frischen Pflanzen dieser Art in die EU, einschließlich Blättern, Wurzeln, Stängeln, Samen, Schalen und Früchten, muss beim Zoll eine Einfuhranmeldung abgegeben werden.

Arnika (Arnica montana) – handelsüberwacht

Die Arnikapflanze gehört zu den Korbblütlern und hat leuchtend gelbe Blätter mit einem Durchmesser von 4,5 bis 6 cm. Sie kommt überwiegend in europäischen Bergregionen von Skandinavien bis zum Mittelmeer vor.

Verwendung: Getrocknete Blüten, Wurzeln und Blätter; seit dem Mittelalter in der europäischen Volksmedizin verwendet; Wirkstoffe helfen bei der Behandlung von Entzündungen, Verstauchungen, Prellungen und rheumatischen Erkrankungen und sind durchblutungsfördernd und schmerzlindernd. In der Homöopathie ist Arnika ein essenzielles Mittel.

Gefährdung: Arnika ist eine der am häufigsten verwendeten Heilpflanzen in Europa und wird in großen Mengen verkauft. Dadurch und durch die Intensivierung der Landwirtschaft sind die Ressourcen mittlerweile weltweit bedroht. Da der Anbau immer noch schwierig und nicht ökonomisch ist, beziehen wir Arnikapräparate fast ausschließlich aus Wildpflanzen.

Schutz: Bei der Einfuhr von getrockneten und frischen Pflanzen dieser Art in die EU, einschließlich Blättern, Wurzeln, Stängeln, Samen, Schalen und Früchten, muss beim Zoll eine Einfuhranmeldung abgegeben werden.

Isländisch Moos (Cetraria islandica) – handelsüberwacht

Isländisch Moos ist eine braun-grüne Bodenflechte. Die Triebe sind geweihartig und verzweigt. Verbreitet ist es vor allem in ganz Europa und Nordamerika.

Verwendung: Getrocknete ganze Pflanzen; wird insbesondere bei Atemwegserkrankungen wie Husten, Asthma und Tuberkulose sowie bei Reizungen der Mund-, Rachen- und Magenschleimhäute eingesetzt. Im Handel erhältlich ist es unter anderem in Form von Hustensaft, Tees, Tabletten und Lutschtabletten.

Gefährdung: Isländisch Moos ist in vielen Regionen aufgrund von Luftverschmutzung und Lebensraumverlust selten geworden. Da Drogen nur in der Wildnis geerntet werden, trägt der Einsatz unkontrollierter Ernte vielerorts auch zum Rückgang bei.

Schutz: Bei der Einfuhr von getrockneten und frischen Pflanzen dieser Art in die EU, einschließlich Blättern, Wurzeln, Stängeln, Samen, Schalen und Früchten, muss beim Zoll eine Einfuhranmeldung abgegeben werden.

Wie Heilpflanzen geschützt werden können

Folgende Maßnahmen können ergriffen werden, um Heilpflanzen zu schützen:

Schutz natürlicher Lebensräume:

Der Erhalt natürlicher Lebensräume für Heilpflanzen ist unerlässlich. Dies kann durch die Einrichtung von Schutzgebieten und den Schutz ökologisch sensibler Gebiete erreicht werden. Die Erhaltung der biologischen Vielfalt ist ein wichtiger Abwehrmechanismus [6].

Förderung von Forschung und Züchtung:

Es ist entscheidend, dass die Anpassung von Heilpflanzen an den Klimawandel ausreichend erforscht wird. Dazu kann die Identifizierung von Pflanzenarten gehören, die gegenüber dem Klimawandel tolerant sind, sowie die gezielte Züchtung von Heilpflanzen mit erhöhter Toleranz.

Sensibilisierung und nachhaltige Erntepraktiken:

Die Sensibilisierung für die Bedeutung und Wirkung von Heilpflanzen bei der Bekämpfung des Klimawandels kann hilfreich sein, den Schutz dieser Pflanzen voranzutreiben. Gleichzeitig sollten nachhaltige Erntepraktiken entwickelt und gefördert werden, damit die Auswirkungen der Ernte auf die Heilpflanzenpopulationen minimiert werden [7].

Augen auf beim Erwerb:

Es empfiehlt sich, auf das FairWild-Logo zu achten und nach Produkten mit dieser Zertifizierung explizit Ausschau zu halten. Durch die nachhaltige und sozialverträgliche natürliche Ernte von FairWild-Proukten können wichtige Rohstoffe für Heilpflanzen langfristig gesichert und gleichzeitig die Lebensgrundlage der lokalen Bevölkerung gewährleistet werden. Überprüfen Sie die Inhaltsstoffe auch bei Kombinationspräparaten, auch diese können gefährdete Pflanzenarten enthalten.

Wichtige Grundlagen der Phytotherapie

Neben den großen Errungenschaften der traditionellen Medizin bietet die Kräutermedizin auch viele weitere interessante Einsatzmöglichkeiten. Wir vergessen oft, dass die Menschheit in der Vergangenheit – mit Ausnahme der letzten 70 Jahre – fast ausschließlich auf Pflanzen angewiesen war, um alles zu behandeln, von Erkältungen bis hin zu lebensbedrohlichen Krankheiten wie Tuberkulose und Malaria. Heutzutage gewinnen pflanzliche Arzneimittel immer mehr an Bedeutung, da die Wirksamkeit herkömmlicher Medikamente wie Antibiotika, die einst als nahezu universelle Waffe gegen gefährliche Infektionen eingesetzt wurden, abgenommen hat. Dies liegt daran, dass viele Infektionserreger im Laufe der Zeit gegen viele synthetische Mittel resistent geworden sind. Und heutzutage wird beispielsweise die Qing-hao-Pflanze (Artemisia annua), auch bekannt als Einjähriger Beifuß, und ihr Wirkstoff Artemisin in tropischen Regionen der Welt zur Malariabekämpfung eingesetzt, weil der Erreger auf herkömmliche Behandlungen nicht mehr anspricht. In diesem Kapitel erhalten Sie wichtige Informationen zu grundlegenden Aspekten der Phytotherapie, etwa die Wirkstoffe der Pflanzen und die Wirkungsweisen auf den Körper, aber auch verschiedene Zubereitungsarten sowie essenzielle Informationen zur Dosierung und den möglichen Nebenwirkungen.

Wirkstoffe in Heilpflanzen und ihre Wirkungsweisen im menschlichen Körper

Die heilenden Eigenschaften einiger Pflanzen sind weithin bekannt. Echte Kamille wird seit Jahrtausenden zur Linderung von Verdauungsproblemen eingesetzt und echte Aloe vera wurde bereits von Kleopatra als hautberuhigendes Kraut eingesetzt. Die Wirkstoffe, deren genauer Aufbau durchaus zum Verständnis ihrer Wirkungsweise im Körper beitragen kann, wurden dagegen erst vor relativ kurzer Zeit genauer untersucht.

Bevor Sie die Wirkstoffe der Pflanzen kennenlernen, ist es wichtig zu erwähnen, wie wertvoll Chlorophyll ist. Chlorophyll ist der Farbstoff, dem Pflanzen ihr Grün verdanken, und gleichzeitig ein wichtiger Faktor bei der Fotosynthese. Mithilfe dieses Pigments sind Pflanzen in der Lage, Licht in Energie umzuwandeln, sodass diese wachsen und sich vermehren können. Wie genau die Fotosynthese vonstattengeht, erfahren Sie im weiteren Verlauf des Ratgebers.

Chlorophyll ist ein sehr mächtiger Stoff, daher erfreut er sich in der täglichen Ernährung immer mehr an Beliebtheit und ist ein wahres Wunder der Natur. Zu finden ist Chlorophyll vor allem in Spinat, Algen (zum Beispiel Chlorella und Spirulina), Alfalfa und dem Superfood Weizengras. Generell lässt sich sagen, je grüner eine Pflanze oder ein Gemüse, desto mehr Chlorophyll ist vorhanden.

Exkurs: Superfood – Vitamine vor der Haustür
Derzeit wird häufig mit dem Begriff „Superfood" um sich geworfen, doch was genau verbirgt sich hinter diesem Wort?

Als Superfood werden jene Lebensmittel bezeichnet, die eine sehr hohe Nährstoffdichte vorweisen und viele Vitamine und Mineralstoffe beinhalten. Sie gelten daher als besonders gesund. Bekannt sind meist die exotischen Früchte mit langen Transportwegen und einer eher schlechteren Ökobilanz, wie beispielsweise die Avocado mit ihren ungesättigten Fettsäuren. Diese lassen sich ebenfalls in Walnüssen finden. Ein weiteres Beispiel ist die Acai-Beere, die durch ihre Anthocyane, den wasserlöslichen Pflanzenfarbstoffen, entzündungshemmend ist, denn es finden sich dieselben Wirkstoffe auch in heimischen Blaubeeren und dunklen Trauben wieder.

Die Wirkungsweisen sind vielfältig und keinesfalls außer Acht zu lassen. So wird das grüne Elixier als Blut der Pflanze bezeichnet und ist dadurch überaus hilfreich bei der Bildung roter Blutkörperchen. Blutarmut kann effektiv behoben werden. Es entgiftet auch den Körper von krebserregenden Stoffen, wie das Gift von Schimmelpilzen oder Schwermetallen. Unser Darm profitiert ebenfalls von Chlorophyll, da es eine stark reinigende Wirkung hat. Durch die Aufnahme von Chlorophyll erhalten wir gewissermaßen Sauerstoff in flüssiger Form, bekannt auch als das Sonnenlicht. Da unsere gesamte Existenz von der Sonne abhängt, ist es nur verständlich, dass wir durch chlorophyllreiche Nahrungsmittel länger vital und gesund bleiben. Hier sehen Sie weitere Beispiele über die positive Wirkung:

Unsere Haut und damit unser Hautbild wird verbessert, da Infektionen schneller abheilen, beziehungsweise erst gar nicht zustande kommen. Auch Falten entstehen langsamer. Ebenfalls hat es eine positive Wirkung gegen Akne und auf die Verkleinerung der Poren. Durch die Antioxidantien im Chlorophyll ist eine Verlangsamung der Hautalterung durch UV-Strahlen wissenschaftlich bestätigt.

Unsere Energie kann gesteigert werden, da Chlorophyll und das Hämoglobin sich chemisch ähneln. So unterstützt Chlorophyll das Hämoglobin bei seiner Arbeit und sorgt für einen zusätzlichen Aufbau weiterer roter Blutkörperchen.

Sie kennen bestimmt den Trend grüner Smoothies, die vor Chlorophyll nur so strotzen. Tatsächlich helfen Selleriesaft und Co. beim Abnehmen, da Hungergefühle gehemmt werden und dadurch die Aufnahme der Kalorien reduziert wird. Zudem sind diese Smoothies vollgepackt mit Vitaminen und Antioxidantien.

Chlorophyll ist hervorragend für den Säure-Basen-Haushalt, da es Lebensmittel mit säurebildenden Substanzen neutralisiert. Das Ergebnis ist mehr Energie und Vitalität. Gleichermaßen unterstützt es die Leber durch seine alkalischen Merkmale.

Weiterhin verhindert und neutralisiert Chlorophyll schlechte Körpergerüche, da es deodorierende Eigenschaften besitzt. Daher findet man heutzutage immer mehr Deos und Mundspülungen mit diesem Inhaltsstoff.

Nun gibt es, wie bereits erwähnt, einige unterschiedliche Wirkstoffe, die in Heilpflanzen vorkommen und dem Stoffwechsel der Pflanze entstammen. Durch den Primärstoffwechsel, auch bekannt als Fotosynthese, entstehen sogenannte sekundäre Pflanzenstoffe, die zur Erhaltung der Gesundheit beziehungsweise zur Heilung verschiedener Krankheiten beitragen. Nachfolgend erfahren Sie mehr über die Wirkstoffgruppen dieser Sekundärstoffwechselprodukte.

Alkaloide sind Naturstoffe, basische und bitterschmeckende Stickstoffverbindungen, die im Prozess des Stoffwechsels von Pflanzen entstehen. Die Einnahme der richtigen Dosis ist sehr wichtig, da Alkaloide durch ihre starke Wirkung extrem giftig sind. Zu dieser Stoffgruppe zählen die bekannten Suchtmittel Morphium, Koffein und Nikotin. In kleinen Mengen jedoch können sie eine hemmende und therapeutische Wirkung auf das Nervensystem haben. Beispiele für weitere Alkaloide sind:

- Morphium und Papaverin, ein aus dem Schlafmohn isoliertes Alkaloid, zur Beruhigung und Linderung von Schmerzen
- Herbstzeitlose, diese kommen in der Krebs- und Gichttherapie zum Einsatz
- Immergrün wird ebenfalls in der Krebstherapie eingesetzt
- Tollkirsche und Stechapfel werden eher in der Homöopathie eingesetzt

Glykoside sind Pflanzenstoffe, die eine chemische Verbindung mit einem Alkohol- und Zuckermolekül aufweisen und sehr schnell vom Organismus aufgenommen werden können. Die Wirkung der Glykoside ist extrem unterschiedlich. Beispielsweise haben die im Fingerhut vorkommenden Glykoside Digoxin und Digitoxin Einfluss auf die Steigerung der Kontraktionskraft im Herz (es kann mehr Blut durch den Kreislauf fließen), gleichzeitig verlangsamen sie jedoch die Herzfrequenz, was einen Unterschied zu herkömmlichen Herzmedikamenten darstellt. Weitere Wirkungsweisen sind:

- Anthrachinonglykoside (Sennesblätter, eine Pflanze aus der Unterfamilie der Johannisbrotgewächse) haben eine abführende Wirkung und stimulieren den Dünndarm.

• Triterpenglykoside (Wanzenkraut) sind östrogenartig und wirken im Bereich der weiblichen Geschlechtsorgane, so bei PMS (Prämenstruelles Syndrom).

Senfölglykoside sind eine Untergruppe der Glykoside und weisen einen aufdringlichen Geruch durch das Allylsenföl, welches für den scharfen Geschmack von Senf und Meerrettich verantwortlich ist, auf. Sie wirken unter anderem:

- immunanregend
- verdauungsfördernd
- keimhemmend und pilztötend (auch bekannt als pflanzliches Antibiotikum)
- regen den Gallenfluss an

Saponine (lateinisch sapo = ‚Seife') sind Stoffe, die die Oberflächenspannung von Wasser verringern, ähnlich wie herkömmliche Seife, und die Vermehrung von Mikroorganismen, wie beispielsweise Pilzen, hemmen. Saponine, die in der Süßholzwurzel vorkommen, wirken antibakteriell, entzündungshemmend und schleimlösend, weshalb sie vor allem bei Atemwegserkrankungen oder Magenproblemen zur Verwendung kommen.

Achtung: Nicht anwenden bei Blutungen oder Geschwüren im Verdauungstrakt, da die Saponine dadurch in den Blutkreislauf gelangen und die roten Blutkörperchen zerfallen (Hämolyse). Eine Überdosierung kann außerdem zu Brechreiz führen.

Wirkungen:

- antiphlogistisch (entzündungshemmend)
- sekretionsanregend (Bildung der Verdauungssäfte)
- expektorierend (auswurffördernd)
- antiexsudativ (Hemmung von Flüssigkeitsaustritten aus Gefäßen und Venen)

Pflanzenbeispiele:

- Efeu
- Rosskastanie
- Seifenkraut
- Primel
- Schlüsselblume

Auch **Bitterstoffe** sind wichtige Wirkstoffe von Heilpflanzen. Meist sind sie Glykoside oder Alkaloide. Bitterstoffe regen sowohl den Appetit als auch die Verdauung an. Die Magensaftsekretion, der Speichel- und Gallenfluss werden gesteigert sowie auch Gärungs- und Fäulnisprozesse eingestellt. Wichtige Pflanzen mit Bitterstoffen sind unter anderem Löwenzahn, Schafgarbe oder die Enzianwurzel. Die Wirkungen sind:

- karminativ (blähungstreibend)
- choleretisch (Anregung des Gallenflusses)
- sekretionsanregend (Bildung der Verdauungssäfte)

Gerbstoffe verbinden sich bei Kontakt mit Eiweißen und verändern deren Struktur, indem Wasser verdrängt oder die Temperaturbeständigkeit erhöht wird. So können sie eine Schutzschicht auf entzündeter Haut oder den Schleimhäuten bilden und dadurch verhindern, dass Bakterien und Fremdstoffe in Wunden oder entzündetes Gewebe eindringen. Sie wirken zudem antibakteriell, entzündungshemmend und blutstillend. Zum Einsatz kommen Gerbstoffe äußerlich zum Gurgeln oder bei Wunden, innerlich hauptsächlich bei Magen-Darm-Erkrankungen.

Bei einer Alkaloid- oder Schwermetallvergiftung wirken sie als Antidot, also Gegengift. Beispiele für das Vorkommen von Gerbstoffen sind Tee, Kaffee oder Walnussblätter und die Rinde von Eichen. Ihre Wirkungen sind:

- absorbtionshemmend (Abdichtung der Zellmembran)
- antiphlogistisch (entzündungshemmend)
- adstringierend (zusammenziehend)
- bakteriostatisch (Verhinderung des Bakterienwachstums)

Flavonoide sind Farbstoffe, die Pflanzen bilden. Sie wirken ebenfalls entzündungshemmend. Eine flavonoidreiche Ernährung kann vor Herz-Kreislauf-Erkrankungen schützen, da sich diese günstig auf die Blutgefäßwände auswirken. Weiterhin kommen Flavonoide häufig zum Einsatz bei Venenerkrankungen, Bluthochdruck und Arteriosklerose (Verkalkung der Arterien). Die in Ginkgoblättern vorkommenden Flavonoide gelten außerdem als durchblutungsfördernd. Auch die Farbstoffe von Beeren gehören zu den Flavonoiden. Vor allem in den Aronia-Beeren sind sie enthalten. Die Wirkungen sind sehr vielfältig:

- antiphlogistisch (entzündungshemmend)
- Hemmung der Blutgerinnung
- broncholytisch (bronchienerweiternd)
- blutdrucksenkend
- spasmolytisch (krampflösend)

- hepatoprotektiv (leberschützend)
- antiödematös (abschwellend)

Pflanzenbeispiele sind:

- Mariendistel
- Weißdorn
- Rosmarin
- Holunder
- Kiefer

Ätherische Öle sind stark duftende Pflanzenstoffe und sehr beliebt in der Aromatherapie, da die heilenden Informationen das gesamte bioenergetische System eines Individuums beeinflussen. Dazu gehören zum Beispiel:

- Karminativa (gegen Blähungen), wie Fenchel, Anis und Kümmel.
- Amara aromatica (Bittermittel), wie Enzian, Galgant und Ingwer. Auf den Organismus wirken sie kräftigend und regen zudem die Verdauungssekretion (Magensaft, Dünndarmsaft) an.
- Expektoranzien (fördern das Abhusten von Schleim), wie Isländisch Moos und Thymian.
- Diuretika (harntreibende Mittel), wie Birkenblätter, Schachtelhalmkraut und Wacholder.

Schleimstoffe sind Stoffe, die im Wasser aufquellen und somit auch zu zähflüssigen Lösungen werden können. Sie bilden einen Schutzfilm auf gereizter, wunder Haut oder Schleimhaut und wirken so entzündungshemmend. Bei Magen-Darm- oder Stoffwechselerkrankungen sind sie beliebte Nahrungsersatzmittel, da unlösliche Schleimstoffe, wie sie zum Beispiel in Flohsamenschalen enthalten sind, bei Verstopfung helfen und nicht verdaut werden, sondern im Darm aufquellen, Toxine an sich binden und somit stuhlregulierend wirken. Als Geschmackskorrigens können sie weiterhin bitter schmeckende Arznei verbessern. Wirkungsbeispiele sind:

- wundheilend
- reizmindernd bei Magen-Darm-Erkrankungen, Durchfall, Bronchitis, Halsentzündungen und leichten Verbrennungen
- auswurffördernd bei Atemwegserkrankungen
- erweichend bei Geschwüren

Scharfstoffe schützen in erster Linie die Pflanzen vor Fressfeinden. Die Wirkungen sind heftige Reaktionen an den Schmerz- und Thermorezeptoren im Haut- und Schleimhautbereich. Durch die Stimulierung der lokalen Durchblutung werden oft tiefer liegende oder chronische Prozesse angetrieben, wodurch Schadstoffe leichter aus dem Gewebe abtransportiert werden können. Einen hohen Scharfstoffanteil haben vor allem die bekannten Pflanzen Pfeffer, Chili und Paprika. Durch die Anwendung von Phytopharmaka mit Scharfstoffen werden mithilfe einer Tinktur und/oder Salbe gezielt Schmerzen gelindert. Dabei sollte jedoch sichergestellt werden, dass das Mittel nicht im Rahmen der Körperpflege in die Augen gerieben wird. Weitere Wirkungen sind:

- antibakteriell
- desinfizierend
- sekretionssteigernd
- krampflösend
- erweichend
- resorbierend bei abgelagerten Krankheitsprodukten

Phenole haben entzündungshemmende und antiseptische Eigenschaften. Sie werden von Pflanzen produziert, um Insektenfraß zu verhindern. Zu einer großen Gruppe von Phenolen gehören Salicylsäure, eine dem Aspirin sehr ähnliche Substanz, und komplexe Phenolglykoside, die Zucker enthalten. Phenolpropan-Derivate wie Rosmarinsäure sind gute Antioxidantien, wirken aber auch entzündungshemmend und antiviral. Salicylsäure kommt sowohl in der Scheinbeere (Gaultheria procumbens) als auch in Silberweiden (Salix alba) vor. Ein weiteres wichtiges Phenol ist Thymol, das aus Thymian (Thymus vulgaris) gewonnen wird und eine starke antiseptische Wirkung hat.

Die Fähigkeit eines pflanzlichen Arzneimittels, die Funktion des Körpers zu beeinflussen, beruht auf seinen Wirkstoffen. Im 18. Jahrhundert begannen Wissenschaftler erstmals, chemische Substanzen aus Pflanzen zu extrahieren und zu isolieren. Seitdem wird die Wirksamkeit von Heilpflanzen anhand ihrer Wirkstoffe bewertet. Diese Enzyklopädie macht da keine Ausnahme: Sie informiert ebenfalls ausführlich über die wichtigsten Bestandteile der jeweiligen Heilpflanzen und deren Wirkung.

Die Isolierung von Inhaltsstoffen am Beispiel des Fingerhuts:
Die Entdeckung, dass der Rote Fingerhut einen immensen medizinischen Wert hat, ist ein Beispiel dafür, wie traditionelles Wissen über Heilpflanzen zu enormen Fortschritten in der Medizin führen kann. Dr. William Withering (*1741; †1799), ein traditionell ausgebildeter Arzt mit einer lebenslangen Leidenschaft für Heilpflanzen, begann, Fingerhut genauer zu studieren, nachdem er von einem Familienrezept zur Behandlung von Wassersucht erfahren

hatte. Er entdeckte, dass in einigen Teilen Englands häufig Fingerhut zur Behandlung dieser Erkrankung verwendet wurde, die oft ein Zeichen einer Herzschwäche war. Im Jahr 1785 veröffentlichte er seine Forschung, in der er nicht nur Dutzende gut recherchierter Fallstudien auflistete, sondern weiterhin aufzeigen konnte, dass der Fingerhut starke Inhaltsstoffe wie Herzglykoside enthält, die ein wertvolles pflanzliches Heilmittel gegen Wassersucht sind und deshalb auch heute noch verwendet werden. Doch trotz dieses positiven Beispiels für die Möglichkeit, natürliche Therapie mit wissenschaftlichen Methoden zu verbinden, schlug die traditionelle Medizin im 19. Jahrhundert einen anderen Weg ein.

Die Untersuchung isolierter Pflanzenbestandteile ist von großer Bedeutung, da auf diese Weise viele der wirksamsten Arzneimittel entdeckt wurden: Tubocurarin, das wirksamste uns bekannte Muskelrelaxans aus der Grieswurzel, oder das stärkste Schmerzmittel, Morphin, welches aus der Schlafmohnpflanze gewonnen wird. Viele Anästhetika werden auch aus Pflanzen hergestellt, beispielsweise Kokain, das aus der Kokapflanze gewonnen wird. Heutzutage verwendet die traditionelle Medizin immer noch Pflanzen statt synthetischer Produkte, um 25 % ihrer Arzneimittel herzustellen, und einige dieser Arzneimittel gehören zu den wirksamsten, die wir kennen. Ein Leben ohne das Malariamittel Chinin, das Herzmittel Digoxin oder das Hustenmittel Ephedrin, das in vielen rezeptfreien Grippemedikamenten enthalten ist, ist kaum vorstellbar. Diese und viele andere traditionelle Arzneimittel verdanken wir den isolierten Pflanzenstoffen.

Die Wirkung von Heilpflanzen auf den Körper

Der Wert der ganzen Pflanze

Während es gut ist, zu wissen, wie jeder einzelne Wirkstoff wirkt, besteht das Ziel der Pflanzenmedizin – anders als die traditionelle Medizin – darin, die gesamte Pflanze zu nutzen. Die ganze Pflanze ist mehr als die Summe ihrer einzelnen Teile, und wissenschaftliche Untersuchungen zeigen, dass die Wirkstoffe vieler Pflanzen auf komplexe Weise zusammenwirken müssen, um eine therapeutische Wirkung zu erzielen. Pflanzen enthalten Hunderte, wenn nicht Tausende verschiedener Komponenten, die auf vielschichtige Weise miteinander interagieren. Der Versuch, zu verstehen, wie eine Pflanze im Allgemeinen funktioniert, kann mit dem Zusammensetzen eines Puzzles verglichen werden, bei dem man nur wenige Teile besitzt. Obwohl es sehr hilfreich sein kann, die spezifischen Wirkstoffe einer Pflanze zu kennen, sind diese Informationen allein manchmal nicht ausreichend.

Beispiel:
Der Medizinal-Rhabarber (Rheum palmatum) ist ein oft verwendetes Abführmittel, das Anthrachinone enthält, die den Stuhlgang anregen. Die abführende Wirkung tritt jedoch nur dann ein, wenn große Mengen der Pflanze verzehrt werden.

In geringen Dosen kommen jedoch auch andere Inhaltsstoffe ins Spiel, insbesondere Tannine, die die Darmschleimhaut austrocknen und zu schlimmeren Problemen führen. Daher kann Medizinal-Rhabarber auf zwei Arten eingesetzt werden:

- in großen Dosen als Abführmittel und
- in kleineren Dosen als Mittel gegen Durchfall.

Der menschliche Körper passt sich besser an die Behandlung mit pflanzlichen Präparaten an als an die Verwendung isolierter chemischer Substanzen. Wir haben uns über Hunderttausende von Jahren mit Pflanzen weiterentwickelt und unser Verdauungssystem hat sich, wie auch unsere gesamte Physiologie, an die Verdauung und Nutzung pflanzlicher Nahrung angepasst. Oft dienen sie nicht nur unserer Ernährung, sondern haben eben auch eine medizinische Wirkung. Die Grenze zwischen Nahrung und Medizin ist nicht immer leicht zu ziehen. Zitrone, Papaya, Zwiebel und Hafer – Lebensmittel oder Medizin? Die Antwort ist einfach: beides. Zitrone (Citrus limon) erhöht die Widerstandskraft gegen Infektionen, Papaya (Carica papaya) wird in einigen Teilen der Welt als Entwurmungsmittel verwendet, Zwiebeln (Allium cepa) reduzieren Atemwegsinfektionen und Hafer (Avena sativa) hilft bei der Genesung von Krankheiten, wie beispielsweise Verstopfung aufgrund der löslichen Ballaststoffe, welche die Verdauung fördern. Aus dieser Perspektive ist die Kräutermedizin das Produkt der Aufhebung der Grenze zwischen Nahrung und Medizin. Auch wenn wir eine Schüssel Haferflocken essen, ohne uns ihrer gesundheitlichen Eigenschaften bewusst zu sein, ändert das nichts an der Tatsache, dass sie unsere Ausdauer steigert, das Nervensystem stärkt, die Versorgung mit B-Vitaminen verbessert und die ordnungsgemäße Darmfunktion aufrechterhält. Viele andere sanfte Kräuter, die in diesem Ratgeber beschrieben werden, sind gleichermaßen wohltuend.

In verschiedenen Kulturen und medizinischen Traditionen gehen Kräuterheilkundler oft auf sehr unterschiedliche Weise mit ihren Patienten und deren Behandlung um. Die Wirkung von Heilkräutern auf den Körper ist jedoch in allen Fällen gleich. Auf der Erde gibt es Tausende verschiedener Heilpflanzen mit unterschiedlichen Verwendungszwecken und Wirkungen. Die meisten dieser Kräuter haben eine gezielte Wirkung auf bestimmte Körperstellen und eignen sich daher besonders zur Behandlung spezifischer Erkrankungen. Hierzu erfahren Sie im weiteren Verlauf mehr.

Atmung, Kreislauf und Verdauung

Eine Umstellung der Essgewohnheiten ist oft die Grundlage für den Erhalt oder die Wiederherstellung der Gesundheit. Das Sprichwort „Du bist, was du isst" ist im Wesentlichen wahr, obwohl Kräuterkenner es lieber in einer eingeschränkteren Form sagen: „Du bist, was du durch Essen aufnimmst." Pflanzliche Arzneimittel liefern nicht nur Nährstoffe, sondern stärken und unterstützen bei Bedarf auch die Funktion des Magen-Darm-Trakts, aktivieren die Verdauung und verbessern die Nährstoffaufnahme. Nachdem Nährstoffe und Medikamente absorbiert wurden, transportiert das Blut sie zu etwa 100 Milliarden Zellen im Körper. Der Blutkreislauf zeichnet sich durch eine hervorragende Anpassungsfähigkeit an sich ständig ändernden Aufgaben aus. Im Ruhezustand ist der Blutfluss hauptsächlich zur Körpermitte gerichtet, während bei körperlicher Belastung die Muskeln in den Gliedmaßen besser durchblutet werden. Heilkräuter unterstützen die Durchblutung auf vielfältige Weise. Einige fördern die Durchblutung der Körperoberfläche, andere aktivieren das Herz und wieder andere entspannen die Arterienmuskulatur und senken dadurch den Blutdruck.

Körperentgiftung und Hautbehandlung

Nachdem die Nährstoffe vom Blut in die Zellen gelangt sind, müssen Abfallprodukte entfernt werden. In unserer verschmutzten Umwelt werden Krankheiten oft durch große Mengen an Giftstoffen im Körper verursacht. Aus diesem Grund verwenden Kräuterheilkundler viele reinigende Kräuter, um den Körper bei der Ausscheidung von Giftstoffen zu unterstützen. Das vielleicht beste Beispiel hierfür ist die Klette (Arctium lappa), die sowohl in der westlichen als auch in der Chinesischen Medizin weitverbreitet ist. Da diese Kräuter giftige Substanzen reduzieren, kann der Körper mehr Anstrengungen unternehmen, um geschädigtes Gewebe zu reparieren und betroffene Organe zu stärken. Auch die Haut spielt eine wichtige Rolle bei der Erhaltung der Gesundheit. Antiseptische Pflanzen bekämpfen Infektionen und wundheilende Kräuter wie der Beinwell (Symphytum officinale) unterstützen die Blutgerinnung und beschleunigen so die Wundheilung.

Endokrinum, Immun- und Nervensystem

Die Gesundheit hängt auch von einem ausgeglichenen Nervensystem ab. Um dies zu erreichen, ist es wichtig, sich gut an die täglichen Anforderungen des Lebens anzupassen. Lassen Sie Angst, Trauer oder Depression nicht eskalieren, sondern sorgen Sie auch für ausreichend Ruhe und Bewegung. Neuere Forschungen zeigen, dass das Nervensystem nicht isoliert funktioniert. Unterstützt wird es wiederum durch das endokrine System (Hormonsystem), das die Ausschüttung vieler Hormone steuert. Sexualhormone regulieren beispielsweise nicht nur die Fruchtbarkeit, sondern beeinflussen häufig auch die

Vitalität und die Stimmung. Darüber hinaus ist das Nervensystem zudem eng mit dem Immunsystem verbunden, das bei der Bekämpfung von Infektionen und bei der Genesung von Krankheiten und Verletzungen hilft. Dieses unglaublich komplexe System, das teils elektrisch, teils chemisch oder mechanisch funktioniert, muss harmonisch zusammenarbeiten, um die Gesundheit zu erhalten. Ein gesunder Körper verfügt über eine scheinbar unbegrenzte Fähigkeit, durch sein Kontrollsystem auf äußere Belastungen zu reagieren. Die Fähigkeit, sich an äußere Bedingungen anzupassen und gleichzeitig die inneren Körperfunktionen kontinuierlich aufrechtzuerhalten, wird als **Homöostase** bezeichnet. Viele Kräuter unterstützen das Immun-, Nerven- und Hormonsystem und helfen dem Körper, sich besser an Stress und alle Arten von Belastungen anzupassen, sei es körperlich, geistig oder emotional. Und diese Kräuter sind wirksam, weil sie im Einklang mit dem Körper wirken.

Einige Kräuter haben auch eine adaptogene Wirkung, was bedeutet, dass sie Menschen dabei helfen können, sich leichter anzupassen und so gesund zu bleiben. Dies geschieht durch die Stärkung des Nervensystems und die Reduzierung von nervösem und emotionalem Stress oder durch die Interaktion mit den körpereigenen physiologischen Prozessen zur Erhaltung der Gesundheit. Das beste Beispiel für diese Pflanze ist Ginseng, ein wirksames Arzneimittel zur Behandlung schwerer geistiger oder körperlicher Belastungen, in einigen Fällen wird es jedoch auch zur Erzielung positiver Entspannungseffekte wie der Förderung eines guten Schlafs eingesetzt.

Heilpflanzen für Körpersysteme

Der Klassifizierung von Heilpflanzen geht in der Regel die Bestimmung ihrer Wirkung voraus, also die Prüfung, ob sie beruhigende, antiseptische oder harntreibende Eigenschaften haben und inwieweit sie auf den Körper wirken. Kräuter haben oft unterschiedliche Wirkungen auf verschiedene Körperteile. Eine Pflanze hat möglicherweise eine starke antiseptische Wirkung auf den Verdauungstrakt und ist weniger wirksam auf die Atemwege. Die folgenden Beispiele zeigen Ihnen, wie Kräuter auf den Körper wirken.

Atemwege:

- Antiseptika und Antibiotika wie der Knoblauch (Allium sativum) wirken Lungeninfektionen entgegen.
- Expektorantien wie der Spitzwegerich (Plantago lanceolata) sind auswurffördernd, das bedeutet, sie entfernen Sekrete durch Abhusten.
- Demulzentia wie der Echte Eibisch (Althaea officinalis) verhindern Reizungen der Schleimhaut.
- Spasmolytika wie der Thymian (Thymus vulgaris L.) entspannen die Muskulatur der Bronchien.

Drüsen des endokrinen Systems:

- Adaptogenika wie der Ginseng (Panax ginseng) helfen dem Körper, sich an Stress besser anzupassen.
- Hormonstimulierende Kräuter wie der Mönchspfeffer (Vitex agnus-castus) regen die Hormonproduktion an.
- Emmenagoga wie der Beifuß (Artemisia vulgaris) fördern und/oder regulieren die Menstruation.

Harnwege:

- Antiseptika wie der Rosmarin (Salvia rosmarinus) haben eine desinfizierende Wirkung auf die Harnwege.
- Adstringentien wie der Ackerschachtelhalm (Equisetum arvense) kräftigen und schützen die Harnwege.
- Diuretika wie der Mais (Zea mays) haben eine harntreibende Wirkung.

Haut:

- Antiseptika wie der Teebaum (Melaleuca alternifolia) haben eine hautdesinfizierende Wirkung.
- Emollienzien wie der Eibisch (Althaea officinalis) wirken lindernd bei Juckreiz, Rötungen und wunder Haut.
- Adstringentien wie die Ringelblume (Calendula officinalis) straffen die Haut.
- Laxanzien wie die Klette (Arctium lappa) unterstützen den Körper, Abfallstoffe zu beseitigen.
- Wundheilkräuter wie der Beinwell (Symphytum officinale) und die Ringelblume (Calendula officinalis) helfen bei der Wundheilung.

Immunsystem:

- Immunmodulatoren wie der Sonnenhut (Echinacea spp.) und der Lapacho (Tabebuia spp.) unterstützen und stärken das Immunsystem gegen Infektionen.

Kreislauf und Herz:

- Einige Kardiotonika wie der Rotwurzel-Salbei (Salvia miltiorrhiza) verlangsamen den Herzschlag, andere beschleunigen ihn und optimieren zudem die Herzmuskelkontraktion.
- Kreislaufstimulanzen wie der Cayennepfeffer (Capsicum frutescens) verbessern den Blutfluss zu den Gliedmaßen.
- Diaphoretika wie die Chrysantheme (Chrysanthemum x morifolium) sind schweißtreibend und senken den Blutdruck.

• Spasmolytika wie die Küchenzwiebel (Allium cepa) fördern die Muskelentspannung und helfen, den Blutdruck zu senken.

Nervensystem:

• Nervina wie der Rosmarin (Rosmarinus officinalis) stärken das Nervensystem.

• Relaxantien wie die Melisse (Melissa officinalis) wirken nervenentspannend.

• Sedativa wie die Mistel (Viscum album) verringern die Aktivität der Nerven.

• Stimulanzen wie der Kolabaum (Cola acuminata) regen die Nervenaktivität an.

• Tonika wie der Hafer (Avena sativa) optimieren die Nerventätigkeit und unterstützen die Regeneration des Nervensystems.

Skelett- und Muskelsystem

• Analgetika wie Gelber Jasmin (Gelsemium sempervirens) minimieren Schmerzen in Gelenken und Nerven.

• Antiphlogistika wie die Silberweide (Salix alba) lindern Schmerzen und Schwellungen der Gelenke.

• Spasmolytika wie die Chinarinde (Cinchona spp) lösen verkrampfte Muskeln.

Verdauungsorgane:

• Antiseptika wie der Ingwer (Zingiber officinale) schützen gegen Infektionen.

• Adstringentien wie der Wiesenknöterich (Polygonum bistorta) stärken die Verdauungstraktschleimhäute.

• Bittermittel wie der Wermut (Artemisia absinthium) haben eine stimulierende Wirkung auf die Magen- und Darmsäfte.

• Karminativa wie der Kalmus (Acorus calamus) lindern Blähungen und Schmerzen.

• Cholagoga wie der Schneeflockenstrauch verbessern den Fluss von Gallensekret.

• Choleretika wie die Artischocke (Cynara scolymus) regen die Gallensekretion in der Leber an.

• Demulzentia wie der Wegerich (Plantago spp.) haben eine schützende Wirkung für das Verdauungssystem vor Übersäuerung und Reizung.

• Hepatika wie das Chinesische Hasenohr (Bupleurum chinense) schützen die Leber.

• Laxativa wie Kassie (Cassia senna) regen den Stuhlgang an.

• Stomachika wie der Kardamom (Eletteria cardamomum) haben eine magenschützende Wirkung.

Verschiedene Formen der Anwendung von Heilpflanzen

Je nach gesundheitlicher Beschwerde gibt es ganz bestimmte Arten der Anwendung, die sich als überaus hilfreich erwiesen und die Ihnen nun genaustens vorgestellt werden, sodass Sie dies ganz einfach zu Hause nachmachen können.

Abkochung (Dekokt)

Etwas aufwendiger ist es, Wirkstoffe aus Beeren, Rinde, Zweigen oder Wurzeln zu extrahieren. Bei der Abkochung werden diese Teile in heißem Wasser gekocht. Dazu können Sie frische oder trockene Zutaten verwenden, die zuvor geschnitten oder in Stücke geteilt wurden. Die Abkochung kann ebenso wie der Aufguss warm oder kalt eingenommen werden.

Hinweis: Wie bereits erwähnt, wird der Aufguss meist aus Beeren, Rinde, Zweigen oder Wurzeln hergestellt, manchmal werden aber auch Blüten und Blätter verwendet. Diese empfindlichen Zutaten sollten erst hinzugefügt werden, nachdem Sie den Herd ausgeschaltet haben und die Brühe begonnen hat, abzukühlen. Anschließend kann alles abgeseiht und wie angegeben verwendet werden.

Die chinesische Abkochung

In der Traditionellen Chinesischen Medizin, kurz TCM, ist die Hauptdarreichungsform der Kräutermedizin das Abkochen.

Zur Herstellung hoch konzentrierter Flüssigkeiten werden oft große Mengen an Heilpflanzen verwendet. Oder die Brühe wird so weit eingedampft, dass nur noch etwa 200 ml übrig bleiben. Dadurch erhöht sich auch die Konzentration des Suds – ein erwünschter Effekt, beispielsweise bei der adstringierenden Rinde vom Gummiarabicumbaum (Acacia nilotica) oder der Stieleiche (Quercus robur), deren Sud sich äußerlich als Zahnfleischspülung oder Waschlotion verwenden lässt.

Standardmenge: 20 g getrocknete oder 40 g frische Kräuter auf 750 ml kaltes Wasser und dann auf 500 ml einköcheln lassen. Dies ergibt 3 bis 4 Dosen.

Standarddosis: 3 bis 4 Dosen am Tag (in Summe 500 ml).

Aufbewahrung: Kühl und in verschlossenem Gefäß bis zu 48 Stunden haltbar.

Zubereitung: Geben Sie das Kraut oder die Kräutermischung in einen Topf, bedecken Sie diese mit kaltem Wasser und bringen Sie alles zum Kochen. Lassen Sie nun das Ganze 20 bis 30 Minuten kochen, bis sich die Flüssigkeit um ein Drittel reduziert hat.

Gießen Sie dann alles durch einen Sieb ab, entnehmen Sie die benötige Menge und bewahren Sie den Krug oder die Glasflasche verschlossen und kühl auf.

Exkurs: Die Traditionelle Chinesische Medizin (TCM)

Die Traditionelle Chinesische Medizin ist ein gesundheitliches Konzept aus dem asiatischen Raum und schätzungsweise mehr als 6.000 Jahre alt. Bei diesem ganzheitlichen Heilkundesystem wird von einer Energie des Lebens, dem Chi, gesprochen, das durch Energiekanäle, die Meridiane, durch den gesamten Körper fließt und die Funktionskreise, also die Organsysteme, mit Kraft versorgt. Das Ziel der Traditionellen Chinesischen Medizin ist die Herstellung und Aufrechterhaltung der Harmonie der Energie im Menschen, denn nur so können die Lebensfunktionen optimal ablaufen und nur so kann der Mensch als Ganzes gesund sein. Dabei hat die klassische chinesische Heillehre eine Korrelation zwischen der Lebensenergie und der Gesundheit erkannt: Je freier und harmonischer das Chi durch den menschlichen Körper fließen kann, desto gesünder ist dieser. Umgekehrt bedeutet dies, dass je mehr Blockaden, Störungen und Ungleichgewichte auf energetischer Ebene im Menschen vorherrschen, desto kranker wird er und desto mehr psychische und physische Erkrankungen werden sich im Körper manifestieren. Bei der Behandlung der entstandenen Beschwerden verfolgt die Traditionelle Chinesische Medizin fünf Verfahren, die die fünf Säulen der TCM genannt werden:

- **Akupunktur und Moxibustion** sind Heilmethoden, bei denen auf die sogenannten Akupunkturpunkte des Körpers eingewirkt werden. Bei der Akupunktur werden kleinste Nadeln in die Haut an den sogenannten Akupunkturpunkten gesteckt und bei der Moxibustion werden durch Hitze und das Räuchern spezieller Kräuter die Akupunkturpunkte stimuliert. Dadurch erzielt der Therapeut eine Wirkung auf die über die Punkte verbundenen inneren Organe und kann somit gewisse energetische Störungen wieder harmonisieren.

- Die **Chinesische Arzneimitteltherapie** (CAT) beschreibt die Anwendung von streng ausgewählten Heilpflanzen, seltener auch Mineralien und tierischen Substanzen, die in Form von speziellen Rezepten auf die Beschwerden des Patienten angepasst werden.

- **Qigong und Taiji** sind ganz besondere kontrollierte Bewegungsabläufe, die mit Atmung und Koordination kombiniert werden. Durch das In-Einklang-Bringen von Körper, Atmung und Geist wird die Lebensenergie gelenkt, kultiviert, gereinigt und gestärkt. Allgemein erfährt der Praktizierende dadurch mehr Ruhe und Ausgeglichenheit, da Spannungen und Blockaden gelöst werden und sich energetische Stauungen auflösen dürfen.

- **Tuina** ist die Bezeichnung für eine manuelle Therapie mit besonderen Massage- sowie Grifftechniken, die mit dem Verständnis von der Lebensenergie ausgeführt werden. Durch Kneten, Streichen, Klopfen und Greifen gelingt es dem Masseur, das Gewebe so zu lockern, dass nicht nur die Blutzirkulation, sondern eben auch das Qi zum Fließen angeregt wird.

- Die **Ernährungslehre** gemäß der Traditionellen Chinesischen Medizin setzt voraus, dass der Patient in Eigenverantwortung über die Diätetik an seiner Gesunderhaltung arbeitet. Da jedem Nahrungsmittel unterschiedliche Charakteristiken und damit verschiedene Heilwirkungen nachgesagt werden, kann der Therapeut eine Ernährung empfehlen, die sich besonders positiv auf die Beschwerden und Problemstellen des Patienten auswirken.

Aufguss (Infus)

Ein Aufguss ist die einfachste Möglichkeit, Teile wie Blätter und Blüten für medizinische Zwecke sowie zur Herstellung erfrischender Getränke zu verwenden. Der Aufguss kann als Tee aus einem Kraut oder aus mehreren Kräutern zusammen zubereitet werden. Je nach Anleitung sollte dieser heiß oder kalt getrunken werden.

Hinweis: Der medizinische Wert vieler Heilpflanzen liegt im Gehalt an ätherischen Ölen, die verdunsten, wenn sie nicht abgedeckt werden, wie es bei der Echten Kamille (Chamomilla recutita) der Fall ist. Benutzen Sie einen Topf mit Deckel und decken Sie die Tasse mit einer Untertasse ab. Sehr praktisch sind Kräuterteebecher mit passendem Teesieb und perforiertem Teedeckel. Verwenden Sie außerdem nur frisch abgekochtes Wasser.

Standardmenge

Pro Tasse: 1 Teelöffel (2 bis 3 g) getrocknetes oder 2 Teelöffel (4 bis 6 g) frisches Kraut beziehungsweise eine Kräutermischung auf eine Tasse heißes Wasser und 10 Minuten ziehen lassen. Dies ergibt eine Dosis.

Pro Kanne: 20 g getrocknetes oder 30 g frisches Kraut oder eine Kräutermischung auf 500 ml heißes Wasser und 10 Minuten ziehen lassen.

Standarddosis: Drei- bis viermal am Tag (in Summe 500 ml).

Aufbewahrung: Kühl und in verschlossenem Gefäß bis zu 24 Stunden haltbar.

Zubereitung: Geben Sie das Kraut in den Locheinsatz einer Kräutertasse und füllen Sie die Tasse mit frischem kochenden Wasser auf. Decken Sie die Tasse ab und lassen alles 10 Minuten ziehen. Nehmen Sie dann den Einsatz heraus und genießen Sie Ihren Tee.

Tipp: Der richtige Kannenaufguss – Erwärmen Sie zunächst die Teekanne, indem Sie diese einmal mit heißem Wasser ausspülen. Geben Sie dann die Kräuter hinein und gießen Sie mit frisch gekochtem Wasser auf. Setzen Sie den Deckel darauf und lassen Sie alles für 10 Minuten ziehen. Seihen Sie dann eine Tasse ab und verfeinern Sie Ihren Tee eventuell noch mit etwas Honig.

Wichtig: Geben Sie den Honig erst in die Tasse, wenn die Temperatur 40 Grad nicht übersteigt, da Honig bei zu großer Hitze einige seiner Enzyme verliert.

Creme

Um eine Creme herzustellen, müssen Wasser und Öl oder Fett als Emulsion vermischt werden. Dies muss steril, sorgfältig und geduldig erfolgen, da sich die Öl- und Wasserphasen ansonsten wieder trennen. Im Gegensatz zu einer Salbe dringt Creme leicht in die Haut ein und kühlt, sodass die Haut normal schwitzen und atmen kann. Allerdings sind Cremes nicht lange haltbar und sollten daher in einem luftdichten, dunklen Behälter im Kühlschrank aufbewahrt werden. Schmelzen Sie das Emulsionswachs in einem Wasserbad und geben Sie unter Rühren Wasser, Glycerin und Kräuter hinzu. Die Masse muss 3 Stunden kochen, bevor sie durch ein Passiertuch gegeben wird. Nun müssen Sie langsam, aber stetig rühren, bis die Creme abgekühlt und fest geworden ist, bevor Sie sie in ein dunkles Schraubglas füllen.

Hinweis: Der Creme können vor oder nach dem Abfüllen kleine Mengen Tinkturen, Pulver und/oder ätherische Öle zugesetzt werden. Für eine längere Haltbarkeit sorgt die Zugabe eines ätherischen Öls, z. B. 1 ml Teebaumöl (Melaleuca alternifolia) auf 100 ml Creme.

Standardmenge: 30 g getrocknetes oder 75 g frisches Kraut beziehungsweise eine Kräutermischung, 150 g Emulsionswachs, 70 g Glycerin und 80 ml Wasser.

Standardanwendung: Zwei- bis dreimal am Tag etwa eine erbsengroße Menge auf die betroffene Stelle auftragen.

Aufbewahrung: Kühl und in verschlossenem Glasgefäß 3 Monate haltbar.

Zubereitung: Lassen Sie das Emulsionswachs in einem Wasserbad schmelzen, geben Sie unter Rühren das Glycerin, die zerkleinerten Kräuter und das Wasser hinzu und lassen Sie es 3 Stunden lang köcheln. Drücken Sie dann die Mischung durch ein Passiertuch und rühren Sie die Creme ständig, jedoch langsam, bis diese abkühlt und fester wird. Streichen Sie dann mit einem Messer die Creme in ein dunkles Schraubdeckelglas und stellen Sie dies direkt in den Kühlschrank.

Kapsel und Pulver

Pulverförmige Heilkräuter können problemlos in Kapselform eingenommen, über das Essen gestreut oder mit Wasser vermischt werden. Zur äußerlichen Anwendung können Sie mit Tinktur vermischtes Pulver oder eine Kompresse verwenden.

> **Hinweis:** Pulverkapseln sind die einfachste Form der Einzeldosis-Medikamente. Wie Hartgelatinekapseln sind sie in Apotheken, Reformhäusern und Fachgeschäften erhältlich. Rotulmenpulver (Ulmus Rubra) ist beispielsweise eine gute Grundlage für Umschläge und adstringierende Heilkräuter wie die Zaubernuss (Hamamelis virginiana) eignen sich zur Behandlung nässender Wunden und lassen sich auch gut mit Salben mischen.

Standardmenge: Leerkapseln Nr. 00 (250 mg Pulver).

Standarddosis: Zweimal am Tag 2 bis 3 Kapseln.

Aufbewahrung: Kühl und in verschlossenem Glasgefäß 3 bis 4 Monate haltbar.

Zubereitung: Schütten Sie das gewünschte Heilkrautpulver in eine Schüssel und ziehen Sie zum Befüllen beide Kapselhälften durch das Pulver. Stecken Sie dann die Kapseln vorsichtig zusammen.

Kompresse und Lotion

Eine Lotion ist ein wässriges Kräuterpräparat, beispielsweise ein Aufguss, eine Abkochung oder eine verdünnte Tinktur, das zum Baden oder Waschen entzündeter oder gereizter Haut verwendet wird. Eine Kompresse ist ein mit Lotion getränktes Tuch, das auf die Haut aufgetragen wird. Dies erleichtert die äußerliche Anwendung pflanzlicher Heilmittel. Sie sind hilfreich bei der Linderung von Schwellungen, Blutergüssen, Entzündungen, Kopfschmerzen und der Senkung von Fieber.

Chronische Schwellungen und Blutergüsse durch Unfälle oder Sportverletzungen können mit Wärme behandelt werden, sofern keine äußerlichen Hautschäden entstanden sind. Kalte Kompressen können Entzündungen lindern, Fieber senken und Kopfschmerzen lindern.

Standardmenge Lotion: 500 ml Aufguss oder Abkochung oder 25 ml Tinktur in 500 ml Wasser.

Standardmenge Kompresse: Heiße Kompresse/Lotion erneuern, sobald diese abgekühlt ist. Kalte Kompresse/Lotion erneuern, sobald diese warm geworden ist.

Aufbewahrung Lotion: Kühl und in verschlossenem Glasgefäß 2 Tage haltbar.

Medizinalwein

Ein Medizinalwein, der weder reine Medizin noch reine Gaumenfreude ist, kann eine angenehme Möglichkeit sein, neue Kraft zu tanken und auch die Verdauung anzuregen. Die Zubereitung ist einfach: Dem Rot- oder Weißwein werden über mehrere Wochen stärkende Heilpflanzen wie die Chinesische Angelika (Angelica sinensis) oder Bitterkräuter wie die Eberraute (Artemisia abrotanum) zugesetzt. Auch Hildegard von Bingen war überzeugt von diesen Medizinalweinen. So brachte sie den Herzwein hervor. Ein Wein mit Petersilie, welcher stärkend für Herz und Milz wirkt.

Hinweis: Der Medizinalwein wird in einem Tontopf mit Ausguss am Boden gemischt. Auf diese Weise können Sie den Wein abzapfen, ohne die Kräuter aufzuwirbeln. Geeignet ist auch eine Ton- oder Keramikvase, innen glasiert. Der Wein sollte immer wieder so zugegeben werden, dass er die Kräuter bedeckt, allerdings verringert sich dadurch allmählich die tonisierende Wirkung des Weins. Heilkräuter werden an der Luft schimmelig und das Arzneimittel wäre dann gesundheitsgefährdend.

Standardmenge: 100 g getrocknete oder 200 g frische tonisierende Kräuter oder 25 g Bitterkräuter und 1 Liter Rot- oder Weißwein.

Standarddosis: Vor dem Essen werden 70 ml getrunken.

Aufbewahrung: Kühl und in einem Steinguttopf 3 bis 4 Monate haltbar.

Zubereitung: Geben Sie das Heilkraut in einen Steinguttopf oder ein anderes Keramikgefäß mit einem Zapfhahn. Gießen Sie mit dem Wein auf, sodass alle Kräuter bedeckt sind. Verschließen Sie das Gefäß, schütteln es einmal vorsichtig und lassen alles 2, besser noch bis zu 6 Wochen stehen. Zapfen Sie dann die gewünschte Dosis ab und vergewissern Sie sich, dass Sie regelmäßig Wein nachgießen, damit die Kräuter keinen Luftkontakt haben.

Rezept Herzwein

10 Stängel glatte Petersilie in Bioqualität, grob zerkleinert
1 Liter Weißwein
1 bis 2 Esslöffel Weinessig
100 g Honig

Standarddosis: Ein- bis dreimal am Tag 1 Esslöffel.

Aufbewahrung: Kühl 3 bis 4 Monate haltbar.

Zubereitung: Geben Sie die Petersilie in einen Topf und gießen Sie mit dem Wein und dem Weinessig auf, sodass alle Kräuter bedeckt sind. Bringen Sie alles etwa 5 Minuten zum Kochen. Nehmen Sie dann den Topf vom Herd, fügen den Honig hinzu und lassen alles mit geschlossenem Deckel 1 Stunde ziehen. Erhitzen Sie anschließend den Wein nochmals, bevor Sie diesen abseihen und noch heiß in saubere Flaschen abfüllen.

Ölextrakt

Bei der Ölextraktion werden die fettlöslichen Wirkstoffe der Heilpflanzen entfernt. Es gibt zwei Verfahren: Heiß- und Kaltextraktion. Der Extrakt wird äußerlich als Massageöl oder Salbe verwendet. Ölgewinnung und ätherisches Öl sollten nicht verwechselt werden. Ätherische Öle sind ein natürlicher Bestandteil von Pflanzen mit einzigartigen medizinischen und aromatischen Eigenschaften. Dem Ölextrakt können jedoch ätherische Öle zugesetzt werden, um seine Wirksamkeit zu erhöhen.

Heißextrakt

Bei der Heißextraktion werden ätherische Öle aus Heilpflanzen in heißem Öl gelöst. Die Temperatur sollte 50 bis 80 Grad Celsius nicht überschreiten. Der Erhitzungsprozess erfolgt in einem Wasserbad. Obwohl heißer Extrakt bis zu 1 Jahr gelagert werden kann, ist er im frischen Zustand am effektivsten. Wenn eine Heißextraktion nur selten bei Ihnen erforderlich ist, bereiten Sie eine kleinere Menge als empfohlen zu und achten Sie dabei auf das Kräuter-Öl-Verhältnis.

Zu den wirksamen Heißextrakten gehören Ingwer (Zingiber officinale), Cayennepfeffer (Capsicum frutescens) und Pfeffer (Piper nigrum). Das Öl wird bei Rheuma und Arthritis eingerieben. Heißextrakte aus Beinwellblättern (Symphytum officinale) unterstützen die Wundheilung. Ein Heißextrakt aus der Kleinblütigen Königskerze (Verbascum thapsus) lindert Ohrenschmerzen.

Standardmenge: 250 g getrocknetes oder 500 g frisches Kraut auf 750 ml Oliven-, Sonnenblumen- oder anderes hochwertiges Pflanzenöl.

Aufbewahrung: Kühl und in einer luftdicht verschlossenen Braunglasflasche bis zu 1 Jahr haltbar, wobei nach 6 Monaten die Qualität abnehmen kann.

Zubereitung: Geben Sie das klein gehackte Kraut und das Öl in eine hitzebeständige Glasschüssel. Verrühren Sie alles miteinander und lassen es zugedeckt für etwa 2 bis 3 Stunden im Wasserbad köcheln. Nehmen Sie es dann vom Herd und geben die Flüssigkeit durch ein Passiertuch. Drücken Sie das Tuch aus, sodass Sie alles Öl einfangen können. Gießen Sie dann den Ölextrakt in eine Braunglasflasche und verschließen diese.

Kaltextrakt

Bei Pflanzen mit geringem, aber wertvollem Ölgehalt kommt die Kaltextraktion zum Einsatz. Die Zubereitung von Kaltextrakt ist zeitaufwendig. Dazu wird ein großes Einmachglas mit Kräutern und Ölen gefüllt und für ein paar Wochen auf die Fensterbank gestellt. Die Wirkstoffe werden unter dem Einfluss von Sonnenlicht freigesetzt und verbinden sich mit dem Öl – eine geeignete Methode zur Gewinnung von Ölextrakten aus frischen Kräutern, insbesondere Blüten. Die häufigsten Beispiele sind Kaltextrakte aus Johanniskraut (Hypericum perforatum), Ringelblume (Calendula officinalis) und Steinklee

(Melilotus officinalis). Je nach Intensität der Sonneneinstrahlung und Extraktionszeit erhöht sich die Konzentration der Wirkstoffe.

Standardmenge: 250 g getrocknetes oder 500 g frisches Kraut auf 750 ml Oliven-, Sonnenblumen- oder anderes hochwertiges Pflanzenöl.

Aufbewahrung: Kühl und in einer luftdicht verschlossenen Braunglasflasche bis zu 1 Jahr haltbar, wobei nach 6 Monaten die Wirkintensität abnehmen kann.

Zubereitung: Geben Sie das Kraut in ein Einmachglas, füllen das Öl hinein und verschließen es. Schütteln Sie das Glas einmal kräftig, stellen es an einen sonnigen Platz, wie etwa die Fensterbank, und lassen es dort für 2 bis 6 Wochen stehen. Geben Sie nach der Zeit die Flüssigkeit durch ein Passiertuch. Drücken Sie das Tuch aus, sodass Sie alles Öl einfangen können. Gießen Sie dann den Ölextrakt in eine Braunglasflasche und verschließen diese.

Salbe

Salben bestehen aus mit Kräutern erhitztem Öl oder Fett und enthalten, im Gegensatz zu Cremes, kein Wasser. Deshalb bilden Salben eine separate Schicht auf der Haut. Sie schützen vor Verletzungen und Entzündungen und transportieren Wirkstoffe wie ätherische Öle zu verletzten Körperstellen. Salben sind hilfreich bei Hämorrhoiden oder bei wunder Haut, die vor Feuchtigkeit geschützt werden muss, wie z. B. rissige Lippen oder Windeldermatitis.

Hinweis: Die Salbe wird auf die Haut und Schleimhäute aufgetragen. Sie wird aus verschiedenen Grundlagen zubereitet, ihre Konsistenz variiert je nach Wirkstoff und Mengenanteilen. Aus Vaseline oder Paraffin können Sie eine einfache und weiche Allzwecksalbe herstellen. Vaseline lässt Wasser nicht durch und bildet eine Schutzschicht auf der Haut. Je nach Bedarf können der Salbe fein gehackte Kräuter oder Kräutermischungen sowie ätherische Öle zugesetzt werden.

Standardmenge: 60 g getrocknetes oder 150 g frisches Kraut oder eine Kräutermischung auf 500 g Vaseline beziehungsweise Paraffinwachs.

Standarddosis: Dreimal am Tag eine kleine Menge auftragen.

Aufbewahrung: Kühl und in dunklen Schraubdeckelgläsern bis zu 3 Monate haltbar.

Zubereitung: Schmelzen Sie die Vaseline oder das Paraffinwachs in einem Wasserbad, geben Sie dann die gehackten Kräuter hinzu und lassen alles 15 Minuten unter ständigem Rühren köcheln. Lassen Sie anschließend alles durch ein Passiertuch ablaufen und drücken Sie das Tuch mit Ihren Händen aus, um möglichst viel Salbe zu gewinnen. Füllen Sie die Salbe dann sofort in sterile Gläser, legen Sie den Deckel locker auf und drehen Sie diesen erst fest zu, wenn die Salbe erkaltet ist.

Die unterschiedlichen Konsistenzen

Feste Salben, die relativ wenig Fett enthalten, sind einfach anzuwenden und werden unter anderem gerne als Lippenbalsam genutzt. Für diese Option gelten die folgenden Mengenangaben:

- 140 g Kokosöl
- 120 g Bienenwachs

Beides im Wasserbad schmelzen lassen. 100 g Kräuterpulver hinzufügen und 90 Minuten kochen lassen. Dann abseihen und in Gläser füllen.

Eine mildere Salbe gegen Hautausschläge erhalten Sie durch die Kombination von Olivenöl und Bienenwachs:

- 60 g Bienenwachs
- 500 ml Olivenöl

Beides im Wasserbad schmelzen lassen. 120 g getrocknete Kräuter oder 300 g frische Kräuter hinzufügen und an einem warmen Ort (Ofen) etwa 3 Stunden ruhen lassen. Abseihen und in Gläser füllen.

Sirup

Mit Honig oder unraffiniertem Zucker kann der Aufguss oder die Abkochung in Sirup umgewandelt und so haltbar gemacht werden. Der Sirup hat nicht nur einen köstlichen Geschmack, sondern auch eine beruhigende Wirkung, weshalb er häufig als Husten- oder Halsmittel eingesetzt wird. Die Süße, die den Sirup bei Kindern beliebt macht, übertrifft jeden bitteren Geschmack darin.

Hinweis: Der Sirup wird zu gleichen Teilen aus Aufguss/Abkochung und Honig/Zucker hergestellt. Der Aufguss bzw. die Abkochung sollte möglichst lange ziehen/köcheln, bis sich die maximale Menge an Wirkstoffen aufgelöst hat – Aufguss für mindestens 15 Minuten, Abkochung für mindestens 30 Minuten. Die Kräuter sollten durch ein Sieb oder Passiertuch abgeseiht und gut ausgedrückt werden. Um die Wirksamkeit zu erhöhen, können Sie dem abgekühlten Sirup eine kleine Menge Reintinktur hinzufügen.

Standardmenge: 500 ml Aufguss oder Abkochung zubereiten, wie vorab schon beschrieben, und 500 g Honig oder Rohzucker.

Standarddosis: Dreimal am Tag 5 bis 10 ml (= 1 bis 2 Teelöffel).

Aufbewahrung: Kühl und in verkorkten Dunkelglasflaschen bis zu 6 Monate haltbar.

Zubereitung: Füllen Sie die Abkochung oder den Aufguss in einen Topf und fügen Sie den Honig hinzu. Erhitzen Sie alles nun langsam unter ständigem Rühren, bis sich der Zucker oder der Honig vollständig aufgelöst hat und die Konsistenz sirupartig wird. Nehmen Sie den Topf dann vom Herd und lassen Sie den Sirup abkühlen. Füllen Sie den abgekühlten Sirup in sterilisierte Flaschen und verschließen Sie diese mit einem Korken (da der Sirup leicht gären kann, sollte aufgrund einer Explosionsgefahr keine Schraubdeckelflasche verwendet werden).

Ein Sirup auf Tinkturbasis

Anstelle von Aufgüssen oder Abkochungen können auch Tinkturen zur Herstellung von Sirup verwendet werden. Dazu müssen Sie – im Gegensatz zu Aufgusssirup oder Abkochung – eine Zuckerlösung vorbereiten:

500 g Honig oder Rohzucker mit 250 ml Wasser vermischen, leicht erhitzen, bis sich der Honig oder Zucker auflöst und die Mischung eindickt. Vom Herd nehmen und abkühlen lassen. Anschließend 1 Teil Alkohol mit 3 Teilen Sirup vermischen und in die Flasche füllen.

Tinktur

Die Tinktur wird durch alkoholische Extraktion hergestellt: Die Heilkräuter werden in Ethanol eingeweicht, sodass sich alle Wirkstoffe aus dem Gewebe lösen. Daher haben Tinkturen eine stärkere Wirkung als Abkochungen oder Aufgüsse, die nur wasserlösliche Wirkstoffe enthalten. Sie können bis zu 2 Jahre verwendet werden. Obwohl Tinkturen hauptsächlich in Europa, Amerika und Australien in der Pflanzenheilkunde eingesetzt werden, spielen sie weltweit eine sehr wichtige Rolle.

Hinweis: Tinkturen sind wirksame Medikamente, daher ist es wichtig, die empfohlene Dosierung einzuhalten. Industriealkohole wie Methanol, Isopropanol oder Reinigungsalkohol sollten bei der Produktion niemals verwendet werden, da sie hochgiftig sind.

Standardmenge: 200 g getrocknetes oder 300 g frisches, klein gehacktes Kraut oder eine Kräutermischung auf 1 Liter Alkohol. Ein 35- bis 40%iger Wodka ist ideal, auch, wenn Rum bittere und schlecht schmeckende Kräuter besser überdeckt.

Standarddosis: Zwei- bis dreimal am Tag 5 ml (= 1 Teelöffel) in 25 ml Wasser oder Saft verdünnen.

Aufbewahrung: Kühl und im verschlossenen, sterilisierten Glasgefäß bis zu 2 Jahre haltbar.

Zubereitung: Geben Sie das Kraut in ein großes sauberes Schraubdeckelglas und gießen Sie den Alkohol hinzu. Verschließen Sie das Glas und schütteln es etwa 2 Minuten lang. Bewahren Sie nun das Glas an einem dunklen und kühlen Ort 10 bis 14 Tage auf und schütteln Sie dieses alle 2 Tage. Nach den 14 Tagen legen Sie eine Weinpresse (statt dieser könnte auch ein Saftbeutel verwendet werden) mit einem Passiertuch aus, gießen Sie die Tinktur hinein und stellen den Krug zum Auffangen bereit. Pressen Sie nun langsam, bis keine Flüssigkeit mehr austritt, und werfen Sie dann die Pressrückstände in den Biomüll. Füllen Sie dann die fertige Tinktur in eine saubere Braunglasflasche und verschließen Sie diese gut.

Anmerkung: Tinkturen sollten nicht während der Schwangerschaft oder bei einer Entzündung der Magenschleimhaut verwendet werden. Um die Alkoholkonzentration zu reduzieren, können Sie 5 ml der Tinktur in eine kleine Tasse kochendes Wasser geben und 5 Minuten stehen lassen, damit der Alkohol verdunstet. Bei alkoholfreien Tinkturen kann anstelle von Alkohol auch Glycerin oder Essig als Extraktionsmittel verwendet werden.

Umschlag

Ein Umschlag ist eine Mischung aus frischen getrockneten oder pulverisierten Kräutern, die auf die betroffene Stelle aufgetragen wird. Behandelt werden damit Nervenschmerzen, Muskelschmerzen, Verstauchungen, Brüche und zum Herausziehen von Eiter. Braunellenkompressen (Prunella vulgaris) helfen bei der Heilung von Verstauchungen und Brüchen, während Johanniskrautumschläge (Hypericum perforatum) entzündungshemmend wirken und Muskel- und Nervenschmerzen lindern.

Wollen Sie eine Kompresse auflegen, um Eiter herauszuziehen, sollten Sie Rotulmenpulver (Ulmus rubra) mit Ringelblumentinktur (Calendula officinalis) und Myrrhe (Commiphora molmol) vermischen.

Standardmenge: 2 Esslöffel Kräuter Ihrer Wahl zur Abdeckung betroffener Stellen.

Beispiel: Ingwer bei Gelenkentzündungen

Standardanwendung: Legen Sie alle 2 bis 3 Stunden einen neuen Umschlag an und wiederholen Sie dies so oft wie nötig.

Zubereitung: Lassen Sie das Kraut etwa 2 Minuten lang köcheln, drücken es anschließend aus und legen es auf den mit Öl eingeriebenen Hautbereich auf. Wickeln Sie um die Kräuter eine Baumwollbinde und lassen diese bis zu 3 Stunden einwirken.

Weitere Zubereitungsarten

Für unterschiedliche Erkrankungen eignen sich unterschiedliche pflanzliche Arzneimittel. Die meisten der folgenden Medikamente haben lokale Wirkungen. Durch die Inhalation werden beispielsweise Atemwegsbeschwerden gemindert. Mundwässer und Spülungen lindern Halsschmerzen und Geschwüre im Mund. Massageöle lindern Muskelschmerzen, Bäder wirken positiv bei Hauterkrankungen und zur Entspannung.

Ätherische Öle

Ätherische Öle können helfen, Schmerzen durch eine Massage zu lindern. Ein ätherisches Öl sollte jedoch nie pur verwendet werden, sondern einem Trägeröl wie Mandel- oder Jojobaöl zugesetzt werden, um die Haut nicht zu reizen.

Nehmen Sie für ein Massageöl 5 bis 10 Tropfen ätherisches Öl und mischen Sie es mit 1 Esslöffel Trägeröl und massieren es auf die betroffene Stelle ein.

Bad und Waschung

Kräuterbäder und -waschungen lindern viele Beschwerden, wie zum Beispiel verletzte Gliedmaßen und verstopfte Nebenhöhlen. Sie werden aus verdünnten ätherischen Ölen oder Aufgüssen hergestellt.

- **Kräuterbad:** Nehmen Sie hierfür 500 ml abgeseihten Aufguss und geben Sie diesen in das einlaufende Badewasser. Baden Sie bei etwa 37 Grad Celsius für 20 bis 30 Minuten.
- **Hautwaschung:** Waschen Sie mit einem vorbereiteten Aufguss die betroffenen Stellen zweimal am Tag.

Gurgelwasser und Mundspülung

Mundwässer und Spülungen enthalten adstringierende Inhaltsstoffe, die die Schleimhäute im Mund- und Rachenraum zusammenziehen und dabei helfen, Entzündungen in diesem Bereich zu reduzieren. Adstringierende pflanzliche Arzneimittel wie Ratanhia (Krameria triandra) und Myrrhe (Commiphora molmol) werden durch die Zugabe von etwas Süßholz (Glycyrrhiza glabra) oder Cayennepfeffer (Capsicum frutescens) schmackhafter und wirksamer.

Bereiten Sie dafür einen Aufguss, lassen diesen 15 bis 20 Minuten stehen, sodass sich adstringierende Wirkstoffe lösen können. Seihen Sie dann die Flüssigkeit ab und gurgeln beziehungsweise spülen Sie mit 150 ml Ihren Mund. Dies können Sie mehrmals am Tag anwenden.

Inhalation

Die Inhalation eignet sich bei Erkrankungen durch Schnupfen, Sinusitis, Heuschnupfen und Asthma bronchiale. Die Kombination aus Dampf und antiseptischen Wirkstoffen trägt zur Befreiung der Atemwege bei.

Gießen Sie 1 Liter kochendes Wasser in eine Schüssel, träufeln Sie 5 bis 15 Tropfen ätherisches Öl hinein oder bereiten Sie einen Aufguss aus 25 g Kräutern und 1 Liter Wasser vor, lassen diesen 15 Minuten ziehen und gießen dann alles in eine Schüssel. Beugen Sie sich mit Ihrem Kopf über die Schüssel und bedecken Sie diesen mit einem Handtuch, um den Dampf einzufangen. Inhalieren Sie für 10 Minuten und bleiben Sie danach noch 15 Minuten in einem beheizten Raum, sodass sich Ihre Atemwege wieder an die kühlere Luft gewöhnen und der Schleim hinausfließen kann.

Kaltauszug

Da die Wirkstoffe mancher Heilpflanzen durch Hitze zerstört werden, können sie durch Kaltextraktion, auch Mazerat genannt, gewonnen werden.

Gießen Sie hierfür 500 ml kaltes Wasser über 25 g Kräuter und lassen dies über Nacht stehen. Seihen Sie dann alles ab und verwenden Sie das Mazerat wie eine Abkochung.

Dosierung und mögliche Nebenwirkungen

Wenn Sie Heilpflanzen bei sich anwenden möchten, gehört die richtige Dosierung zu einem sehr wichtigen Aspekt. Eine Dosierung, die nicht korrekt ist, kann erheblich Einfluss auf die Sicherheit und Wirksamkeit nehmen und vor allen Dingen auch zu Nebenwirkungen führen.

Es ist essenziell, dass Sie sich immer an die richtige Dosierung halten und die angegebene Menge nie überschreiten, denn nur so erhalten Sie ein sicheres und wirksames Mittel für Ihre Beschwerden. Bedenken Sie auch, dass eine doppelte Dosis nicht doppelt so gut wirkt!

Die Dosierungsangaben, die bei den verschiedenen Formen der Anwendung angegeben wurden, beziehen sich ausschließlich auf Erwachsene, ansonsten variiert diese je nach Pflanze, Form und Beschwerde. Zusammenfassend erhalten Sie nochmals einen Überblick. Hier geht selbstverständlich voran, dass sich bei der Zubereitung auch genaustens an die Dosierungsangaben gehalten wird.

Dosierungsangaben für Erwachsene

- Abkochungen = 3 bis 4 Dosen täglich (insgesamt 500 ml) trinken
- Aufgüsse = Drei- bis viermal täglich (insgesamt 500 ml) eine Tasse trinken
- Cremes = Zwei- bis dreimal am Tag auf die betroffene Stelle auftragen
- Kapseln = Zweimal am Tag 2 bis 3 Kapseln einnehmen
- Medizinalweine = 70 ml zweimal am Tag vor dem Essen trinken
- Salbe = Dreimal am Tag auf die betroffene Stelle auftragen
- Sirup = Dreimal am Tag 5 bis 10 ml (1 bis 2 Teelöffel) einnehmen
- Tinktur = Zwei- bis dreimal am Tag 5 ml (1 Teelöffel) mit 25 ml Wasser verdünnen

Da sich bei älteren Menschen der Stoffwechsel altersbedingt verlangsamt, sollten Personen über 70 Jahre nur ¾ der Erwachsenendosis nehmen.

Behandlungsdauer

Nehmen Sie die Arzneien bis zum Abklingen der Symptome ein. Sollte jedoch eine Verschlimmerung eintreten bzw. keine Besserung nach 2 bis 4 Wochen eintreten, konsultieren Sie einen Arzt.

Geben Sie ohne ärztlichen Rat auch niemals Ihrem Säugling unter 6 Monaten Kräuterarzneien. Für Kinder unter 12 Jahren gelten folgende Dosierungen:

Dosierungsangaben für Kinder

- 6 bis 12 Monate = 1/10 der Erwachsenendosis
- 1 bis 6 Jahre = 1/3 der Erwachsenendosis
- 7 bis 12 Jahre = ½ der Erwachsenendosis

Schwangerschaft

In den ersten 3 Schwangerschaftsmonaten sollte auf die Einnahme sämtlicher Arzneien und prinzipiell während der Schwangerschaft auf die Anwendung von Alkoholtinkturen verzichtet werden. Folgende Kräuter sollten Schwangere gänzlich meiden:

- Indianerwiege (Caulophyllum thalictroides)
- Kanadische Gelbwurzel (Hydrastis canadensis)
- Wacholder (Juniperus communis)
- Poleiminze (Mentha pulegium)
- Schafgabe (Achillea millefolium)

Da schwangere Frauen jedoch häufig unter Übelkeit leiden, hat sich Ingwer (Zingiber officinale) als Aufguss bewährt.

Rezeptur: Stellen Sie einen Aufguss aus ½ Teelöffel frisch geriebenen Ingwer auf 150 ml Wasser her. Trinken Sie in den Ingwertee in kleinen Mengen über den Tag verteilt, höchstens jedoch 450 ml. Für die meisten Heilpflanzen gilt, dass diese zu jeder beliebigen Tageszeit eingenommen werden können. Sollten Sie jedoch unter Magen-Darm-Problemen leiden, empfiehlt sich eine Einnahme jeweils vor den Mahlzeiten.

Im Grunde ist es wichtig zu erwähnen, dass sich kleinere Alltagsbeschwerden mit ein wenig Grundkenntnissen einfach selbst behandeln lassen und sich bei der richtigen Dosierung die Nebenwirkungen in Grenzen halten. Falsch wäre es jedoch, zu behaupten, dass Heilkräuter frei von Nebenwirkungen sind. Beispielsweise können die in Beinwell (Symphytum officinale), Pestwurz (Petasites hybridus) und Huflattich (Tussilago farfara) vorkommenden Pyrrolizidinalkaloide bei oraler Einnahme und zu hoher Dosierung zu schweren Leberschäden führen. Auch das Beruhigungsmittel Kava Kava (Piper methysticum) kann bei längerer Einnahme und in hohen Dosen schwere Leberschäden bis hin zum Organversagen verursachen, weshalb sein Verkauf in Deutschland nicht mehr erlaubt ist. Arnika, Kamille und Schafgarbe lösen bei einigen Menschen Allergien aus, daher sollten sie mit Vorsicht und nicht über einen längeren Zeitraum angewendet werden. Oder auch Erkältungssalben mit ätherischen Ölen können bei Kleinkindern lebensbedrohliche Atemwegsverkrampfungen verursachen. Chronisch kranke Menschen sollten auf jeden Fall vor der Einnahme mit dem behandelnden Arzt oder einem erfahrenen Kräuterkundler sprechen, vor allen Dingen, wenn bereits schulmedizinische Medikamente eingenommen werden.

Wechselwirkungen mit anderen Medikamenten und Vorsichtsmaßnahmen

Einer der Gründe, warum pflanzliche Arzneimittel so beliebt sind, liegt darin, dass sie sicherer sind und weniger Nebenwirkungen haben als herkömmliche Arzneimittel. Allerdings können pflanzliche Arzneimittel auch schädlich sein und sollten daher wie jedes Arzneimittel mit Vorsicht angewendet werden.

Das Schlimmste, was durch die Anwendung pflanzlicher Arzneimittel passieren kann, ist in den meisten Fällen, dass sich Ihr Zustand nicht bessert. Es gibt aber auch Kräuter, die schädlich sein können oder unerwünschte Wechselwirkungen mit gängigen Medikamenten haben. Wenn Komplikationen auftreten, werden die folgenden Vorsichtsmaßnahmen häufig nicht getroffen. Wenn Sie also das Gefühl haben, dass ein pflanzliches Arzneimittel Ihre

Gesundheit negativ beeinträchtigt, beenden Sie die Anwendung und konsultieren Sie einen Arzt oder qualifizierten Kräuterheilkundler.

Mögliche Probleme

Das Medikament enthielt die falsche Pflanze

Beim Kauf rezeptfreier pflanzlicher Arzneimittel können Sie davon ausgehen, dass die Pflanzen getestet wurden und somit die gewünschte Art enthalten ist. Wenn Sie Ihre Kräuter selbst ernten, müssen Sie darauf achten, die richtige Pflanze zu verwenden. Johanniskraut (Hypericum perforatum) kann leicht mit dem leberschädigendem Jakobs-Kreuzkraut (Senecio jacobaea) verwechselt werden, weil beide leuchtend gelbe Blüten haben und gleichzeitig blühen. Einige Giftstoffe von Pflanzen können auch schon bei der Ernte durch die Haut dringen. Beispielsweise ist der Gefleckte Schierling (Conium maculatum) so giftig, dass selbst das Hantieren Nebenwirkungen wie Herzrasen oder Zittern verursachen kann.

Unterscheidung von Johanniskraut und Jakobs-Kreuzkraut
Um diese beiden Pflanzen voneinander zu unterscheiden, schauen Sie sich zuerst die Blüten ganz genau an. Während Johanniskraut lediglich 5 gelbe Blütenblätter und lange Staubblätter besitzt, so sieht das Jakobs-Kreuzkraut wie eine gelbe Margerite oder ein gelbes Gänseblümchen mit seinen Zungenblättern aus. Das Johanniskraut verrät seine Identität auch, wenn Sie die gelben Blüten mit den Fingern zerreiben und diese sich rot färben.

Ein weiteres Erkennungsmerkmal sind die Blätter, denn die des Jakobs-Kreuzkrauts sehen aus wie ein Ritterwappen. Die Blätter von Johanniskraut sind dagegen klein mit ovaler Form.

Der falsche Teil der Pflanze wurde verwendet

Manchmal sind nur einige Teile der Pflanze giftig und der Rest kann verwendet beziehungsweise verzehrt werden. Ein Beispiel ist die Kartoffel (Solanum tuberosum), deren Knollen essbar sind, während alle anderen Teile giftig sind. Stellen Sie daher sicher, dass Sie immer die richtigen Pflanzenteile verwenden.

Es wurden minderwertige oder schlecht verarbeitete Materialien verwendet

Wenn Sie das Arzneimittel selbst zubereiten, befolgen Sie die vorab beschriebenen Zubereitungsanweisungen. Wenn Sie rezeptfreie Produkte verwenden möchten, sollten Sie die folgenden Informationen beachten.

Frei verkäufliche Kräuterarzneien

• Möchten Sie Kräuterarzneien erwerben, ist es empfehlenswert, wenn Sie Kapseln, ätherische Öle, Zäpfchen, Tabletten und auch Tinkturen kaufen. Sirupe, Aufgüsse und Abkochungen lassen sich hingegen einfach selbst herstellen.

• Beachten Sie, dass Sie Ihre Kräuterarzneien ausschließlich dort einkaufen, wo Sie auch sachkundig beraten werden. Wenn Sie Ihre Kräuterarzneien über das Internet bestellen möchten, achten Sie auf einen vertrauenswürdigen Hersteller. Stellen Sie sicher, dass Ihre gekauften Produkte aus organischem Anbau stammen.

Der Kauf von getrockneten Kräutern

Getrocknete Kräuter können Sie in Apotheken und Kräuterläden kaufen und vor dem Kauf testen. Andererseits sind Pflanzen im Versandhandel aufgrund höherer Umsätze oft frischer. Sie benötigen qualitativ hochwertige Produkte. Beachten Sie daher Folgendes:

• Kräuter sollten in der Regel nicht in transparenten Glasbehältern aufbewahrt oder direktem Sonnenlicht ausgesetzt werden, da sonst ihre Wirksamkeit durch Oxidation beeinträchtigt werden kann.

• Hochwertige Kräuter müssen einen charakteristischen Geruch und Geschmack haben.

• Überprüfen Sie das Produkt auf Schimmel, was auf eine schlechte Trocknung hinweist, und achten Sie auf mögliche Beimischungen anderer Pflanzen.

• Kaufen Sie nur Material, das trocken und ordnungsgemäß gelagert, nicht zu alt und noch intensiv gefärbt ist. Leuchtend gelb-orangefarbene Ringelblume (Calendula officinalis) wird wirksamer sein, während Materialien, die blass und trocken aussehen, wahrscheinlich weniger wirksam sind.

Der Kauf von Kräuterprodukten

Lesen Sie beim Kauf von Kapseln, Tabletten, ätherischen Ölen, Zäpfchen und Tinkturen sorgfältig die Etiketten auf der Verpackung. Bitte kaufen Sie das Produkt nicht, wenn folgende Informationen fehlen:

• Alle im Produkt enthaltenen Inhaltsstoffe

• Informationen zur empfohlenen Tagesdosis

• Informationen zum Gewicht jeder Kapsel oder Tablette bzw. das Volumen der Flasche

• Angaben zur Verdünnung (1 : 3 bedeutet 1 Teil Kraut auf 3 Teile Flüssigkeit)

Die falsche Arznei wurde verwendet

Solche Probleme können vermieden werden, indem nur sichere Kräuter verwendet werden, deren Wirksamkeit allgemein anerkannt ist. So können Sie also sowohl Ingwer (Zingiber officinale) als auch Echten Kalmus (Acorus calamus) verwenden, um Übelkeit und Magenbeschwerden zu lindern, aber Ingwer ist sicherer, weil wir mehr über seine Wirkungsweisen wissen. Er wird häufig bei Reisekrankheit und Schwangerschaftsübelkeit eingesetzt und Nebenwirkungen sind keine bekannt.

Pflanzliche Arzneimittel sind mit anderen Arzneimitteln inkompatibel

Da es sich bei Heilkräutern ebenfalls um Arzneimittel handelt, kann es zu Nebenwirkungen kommen, wenn sie gleichzeitig mit herkömmlichen Arzneimitteln eingenommen werden. Solche Wechselwirkungen sind bei einigen Kräutern bekannt, beispielsweise bei Johanniskraut. Johanniskraut kann den Abbau bestimmter Medikamente beschleunigen, darunter Antibiotika, Medikamente gegen Krampfanfälle und Immunsuppressiva. Dadurch wird ihre Wirksamkeit häufig eingeschränkt – im schlimmsten Fall kommt es zu lebensbedrohlichen Folgen. Es wird auch nicht empfohlen, Johanniskraut gleichzeitig mit anderen Antidepressiva einzunehmen. Einige Kräuter, insbesondere die Chinesische Angelika (Angelica sinensis), sind mit Antikoagulantien, die die Blutgerinnung hemmen, wie Warfarin und Clopidogrel inkompatibel. Daher kann die Wechselwirkung zwischen Antikoagulanzien und pflanzlichen Arzneimitteln das Blutungsrisiko erhöhen. Es ist immer wichtig, dass Sie Ihren Arzt über die Medikamente informieren, die Sie einnehmen, egal ob es sich um pflanzliche oder herkömmliche Medikamente handelt, und ihn zuerst konsultieren, bevor Sie weitere pflanzliche Arzneimittel einnehmen.

Es kommt zu Allergien durch die Kräuterarznei

Durch Kräuter verursachte allergische Reaktionen treten häufig nach dem Berühren der Pflanze, einer sogenannten Kontaktdermatitis, oder dem Einatmen von Pollen oder Kräuterpulver (Inhalationsallergie) auf. Ein Beispiel ist die Weinraute (Ruta Graveolens), die Kontaktallergene enthält und daher von Allergikern unbedingt gemieden werden sollte. Andere pulverisierte Kräuter wie Lindenblätter (Tilia spp.) können Niesanfälle verursachen. Noch gefährlicher sind allergische Reaktionen im Körperinneren, daher sollten Menschen, die zu bestimmten Allergien neigen, vor der Einnahme wenig bekannter pflanzlicher Heilmittel einen Arzt konsultieren.

Eine andere Behandlung ist erforderlich

Manchmal sind pflanzliche Arzneimittel zur Behandlung nicht geeignet. Wenn Sie schwer erkrankt oder verletzt sind, oder sich trotz der Einnahme von Heilkräutern nicht erholen können, zögern Sie nicht, einen Arzt Ihres Vertrauens aufzusuchen.

Heilpflanzen für das Immunsystem

Viren und Bakterien sind nicht nur während der Erkältungszeit vorhanden. Ihnen stehen wir immer und überall gegenüber, sei es in unserer Wohnung, im Büro oder außerhalb von Gebäuden. Nur wenn sich unser Immunsystem kontinuierlich darum kümmert, bleiben wir gesund. Dies ist ein Geschenk unseres Körpers, welches wir nicht für selbstverständlich hinnehmen sollten. Doch wir können unserem Immunsystem ebenfalls ein Geschenk machen, und zwar mit Pflanzen, die die Abwehr unterstützen.

Um unser Immunsystem zu stärken, ist es demnach nicht zwangsläufig notwendig, Vitamintabletten oder andere Medikamente einzunehmen, denn es gibt unzählige aromatische und würzige Heilpflanzen, die unseren Gerichten nicht nur einen einzigartigen und delikaten Geschmack verleihen, sondern zusätzlich noch den tollen Effekt besitzen, unser Immunsystem zu stärken. Als wohltuender heißer Tee können Heilpflanzen uns von innen wärmen und gleichzeitig auch unseren Stoffwechsel ankurbeln. Doch ganz besonders legen sich ihre Wirkstoffe wie ein Schutzmantel um uns und wappnen uns, dank ihrer antiviralen Eigenschaften, vor Erkältungen.

Schon viele Jahre werden Kräuter bereits eingesetzt, um das Immunsystem zu stärken und unsere Gesundheit auf natürliche und nachhaltige Weise zu unterstützen.

Die wichtigsten Heilpflanzen für das Immunsystem

Kommt die kältere Jahreszeit, so häufen sich mit dieser noch mal mehr die Erkältungen und Grippeerkrankungen. Genau aus diesem Grund ist es essenziell, ein starkes Immunsystem zu haben, das uns hilft, Viren auch im Winter zu bekämpfen.

Obwohl viele Heilpflanzen eine positive Wirkung auf das Immunsystem haben, so sind besonders diese vier hervorzuheben:

- Echinacea (Roter Sonnenhut)
- Holunderbeere
- Astragalus
- Katzenkralle

Echinacea (Roter Sonnenhut)

Inhaltsstoffe:

- Alkamide (hauptsächlich Isobutylamide)
- Kaffeesäure-Ester (hauptsächlich Echinacosid und Cynarin)
- Polysaccharide

Wirkung:

- Antimikrobiell
- Entzündungshemmend
- Entgiftend
- Speichelflussfördernd
- Immunmodulierend
- Wundheilend

Anwendung:

- Akne und Furunkel
- Allergischer Schnupfen
- Bisse und Stiche
- Frostbeulen
- Grippe, Halsschmerzen und Mandelentzündung
- Harnwegs- und Pilzinfektionen
- Husten und Bronchitis
- Leichtes Asthma
- Lippenherpes
- Mundgeschwüre
- Ohrenschmerzen

Schwarzer Holunder (Holunderbeere)

Inhaltsstoffe:

Beeren:

- Anthocyane
- Flavonoide
- Lektine
- Vitamine A und C

Wirkung:

- Antiviral
- Entzündungshemmend
- Gegen Katarrh
- Harntreibend
- Schweißtreibend
-

Anwendung:

- Allergischer Schnupfen
- Grippe, Fieber und Erkältung
- Ohrenschmerzen bei chronischem Katarrh

Astragalus (Tragant)

Inhaltsstoffe:

- Isoflavonoide (Formononetin)
- Phytosterole
- Polysaccharide
- Triterpensaponine (Astragalin)

Wirkung:

- Anregung des Immunsystems
- Antiviral
- Ausgleichend
- Gefäßerweiternd
- Harntreibend

Anwendung:

- Asthma
- Chronische Nierenerkrankungen
- Erkältung und Prävention
- Heuschnupfen
- Virusinfekten

Katzenkralle

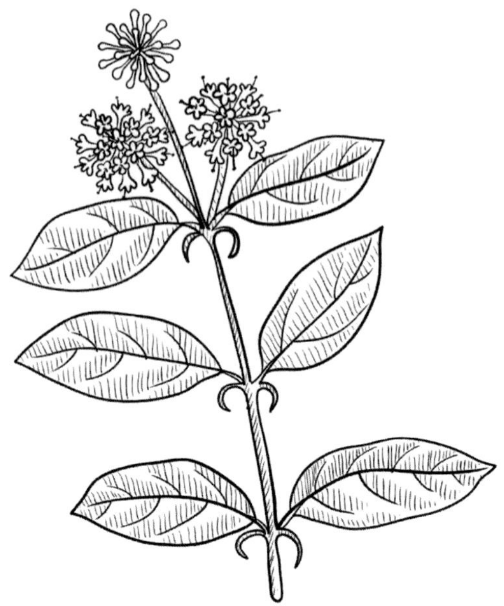

Inhaltsstoffe:

- Flavonoide
- Gerbstoffe (Epicatechin und Proanthocyanidine)
- Pentazyklische Oxindol-Alkaloide
- Sterine
- Tetrazyklische Oxindol-Alkaloide
- Triterpenoidglykoside

Wirkung:

- Antioxigen
- Entzündungshemmend
- Stärkung des Immunsystems

Anwendung:

- Allergien
- Arthritis
- Asthma
- Fieber
- Magengeschwüre
- Rheumatische Erkrankungen
- Virale Infektionen
- Wundheilung

Echinacea (Roter Sonnenhut) zur Stärkung der Abwehrkräfte

Obwohl der genaue Mechanismus bisher noch unklar ist, so erhöht und aktiviert Echinacea die Anzahl und Aktivität der weißen Blutkörperchen, deren Aufgabe es ist, Krankheitserreger abzuwehren.

Die enthaltenen Polysaccharide verhindern, dass Viren Zellen infizieren, und die Alkamide hemmen das Wachstum von Bakterien und Pilzen.

Echinacea eignet sich am besten zur Anwendung als Wurzeltinktur, Wurzelabkochung und Kapseln aus der pulverisierten Wurzel.

Wurzeltinktur bei chronischen Infektionen
Bereiten Sie die Tinktur so zu, wie unter „Verschiedene Formen der Anwendung von Heilpflanzen" angegeben. Mischen Sie dann ½ Teelöffel der Tinktur dreimal am Tag mit etwas Wasser und trinken Sie es in kleinen Schlucken.

Wurzelabkochung bei Infektionen des Rachens
Bereiten Sie die Abkochung so zu, wie unter „Verschiedene Formen der Anwendung von Heilpflanzen" angegeben. Gurgeln Sie dann dreimal täglich mit 50 ml der Abkochung.

Kapseln bei einer Erkältung
Bereiten Sie die Kapseln so zu, wie unter „Verschiedene Formen der Anwendung von Heilpflanzen" angegeben. Nehmen Sie dreimal am Tag eine 500-mg-Kapsel ein.

Echinacea wird aufgrund vieler Untersuchungen und langjähriger Erfahrung sowohl zur unterstützenden Behandlung von wiederkehrenden Atemwegs- und Harnwegsinfektionen als auch zur äußerlichen Anwendung bei schlecht heilenden Wunden eingenommen. Die Pflanze wirkt sanft auf das natürliche Vorgehen im Körper. Daher sollte jeder, der Echinacea zur Behandlung von Blasenentzündungen oder Erkältungsbeschwerden einnehmen möchte, damit gleich bei den ersten Anzeichen beginnen. Je eher das Immunsystem unterstützt wird, umso geringer ist die Ausbreitung von Keimen, und die Schleimhäute, die davon betroffen sind, werden weniger beschädigt.

Jedoch sollte die Anwendung von Sonnenhutpräparaten nicht länger als 10 Tage andauern, da nicht abschließend geklärt ist, ob das Immunsystem dadurch abgeschwächt ist. Wenn eine Erkältung länger besteht oder Sie häufig wiederkehrende Infektionen haben, wenden Sie sich am besten an Ihren Arzt, da die Ursache womöglich eine ganz andere ist und medizinisch abgeklärt werden sollte.

Potenzielle Nebenwirkungen und Wechselwirkungen

Daten zur Sicherheit und Verträglichkeit, die hauptsächlich aus klinischen Studien und Einzelfallberichten stammen, belegen, dass Echinacea im Allgemeinen gut aufgenommen wird. Die am weitesten verbreiteten Nebenwirkungen sind Hautausschläge und Magen-Darm-Störungen.

Diejenigen, die allergisch gegen Korbblütler sind, sollten Echinacea nicht verwenden. Allergische Reaktionen können auftreten und auch schwerwiegende Folgen haben.

Da noch zu wenig über die möglichen Auswirkungen auf das Immunsystem bekannt ist, sollten Personen mit Autoimmunerkrankungen oder einem geschwächten Immunsystem Echinacea sicherheitshalber auch nicht verwenden. Durch die immunstimulierende Wirkung kann eine Autoimmunerkrankung verstärkt werden.

Holunderbeere für ihre antiviralen Eigenschaften

Durch die Verwendung von Holunderextrakt oder -sirup können Sie Grippe und Erkältungen nicht nur vorbeugen, sondern – falls Sie bereits darunter leiden – diese innerhalb weniger Tage lindern. Die Holunderbeere besitzt eine natürliche antivirale Wirkung, dies liegt an den Anthocyanen und Pigmenten, die für die dunkle Farbe verantwortlich sind und ebendiese antiviralen, entzündungshemmenden und antioxidativen Eigenschaften aufweisen. Die Anthocyane sind in der Lage, die Spike-Proteine, die für das Eindringen in Wirtszellen erforderlich sind, auf den Membranen des Eindringlings zu hemmen. Holunderbeerenextrakt hat beispielsweise den Ruf, eine gesunde Immunabwehr zu unterstützen. Es wurde herausgefunden, dass er zelluläre Abwehrkräfte gegen fremde Eindringlinge stärkt und deren Zellreplikation verhindert. Weiterhin trägt Holunder zur Herzschutzfunktion bei, indem er Lipidperoxide reduziert, Lipidperoxylradikale neutralisiert, die LDL-Oxidation (Low-density Lipoprotein) hemmt und Endothelzellen vor oxidativem Stress wirksam schützt. Holunderbeerenextrakt trägt außerdem dazu bei, Lipidperoxidation (oxidative Zerstörung der Lipide) und Hyperlipidämie (hoher Cholesterinspiegel) rückgängig zu machen. Wenn Sie Holunderbeeren für einen Sirup oder anderweitig verwenden möchten, achten Sie stets darauf, nur reife, das heißt blauschwarze, Beeren zu verwenden. Unreife grüne Beeren sollten nicht verzehrt werden.

Aufguss aus Blüten bei einer Erkältung

Bereiten Sie den Aufguss so zu, wie unter „Verschiedene Formen der Anwendung von Heilpflanzen" angegeben. Trinken Sie dreimal am Tag 150 ml des Aufgusses in kleinen Schlucken.

Holunderbeerensirup
1 kg Holunderbeeren
1 kg Zucker
1 Liter Wasser
Saft einer ausgepressten Zitrone

Zubereitung: Waschen Sie die Holunderbeeren sorgfältig und zupfen Sie sie von den Stielen. Geben Sie die Beeren in einen Topf und fügen Sie das Wasser hinzu. Bringen Sie das Wasser mit den Beeren zum Kochen und lassen es für ca. 15 bis 20 Minuten bei geringer Temperatur köcheln, bis die Beeren weich werden. Um die Beeren zu entfernen, seihen Sie die Mischung mit einem feinen Sieb oder einem Tuch ab. Fügen Sie den Beerensaft wieder in den Topf und geben Sie den Zucker hinzu. Bringen Sie den Saft zum Kochen und lassen Sie ihn ca. 10 bis 15 Minuten lang erneut köcheln, bis er etwas dickflüssiger wird. Fügen Sie den Zitronensaft hinzu und kochen Sie ihn noch einmal kurz auf. Füllen Sie den Sirup in sterilisierte Flaschen und nehmen Sie dreimal am Tag 1 Teelöffel zu sich.

Holundersaft bei Erkältung
2 ½ kg Holunderbeeren
1 ½ kg Zucker
1 Liter Wasser
Saft einer halben Zitrone

Zubereitung: Entfernen Sie die Beeren von den Stielen und waschen Sie diese kurz mit Wasser ab. Geben Sie die Beeren dann in einen Topf und gießen Sie das Wasser darüber. Lassen Sie alles einmal aufkochen und etwa 10 Minuten köcheln. Gießen Sie anschließend die Holunderbeeren nun durch ein Sieb, das mit einem alten Geschirrtuch versehen ist. Drücken Sie das Geschirrtuch fest zusammen, um den letzten Saft noch herauszupressen. Fügen Sie dann den Zucker und den Zitronensaft hinzu und kochen das Ganze erneut auf. Den Zucker können Sie auch gern weglassen, für die längere Haltbarkeit ist er jedoch ein wichtiger Bestandteil.

Der Saft, der noch warm ist, wird nun in heiß ausgespülte Flaschen gefüllt und nach dem Abkühlen im Kühlschrank dunkel und kühl gelagert. Trinken Sie zwei- bis dreimal täglich ein Schnapsglas.

Potenzielle Nebenwirkungen und Wechselwirkungen

Es ist nicht zu erwarten, dass Holunderblüten Nebenwirkungen oder Wechselwirkungen mit anderen Arzneimitteln haben. Darüber hinaus gibt es derzeit keine Gegenanzeigen. Sämtliche Holunderzubereitungen sind auch für Kinder ab 3 Jahren geeignet.

Astragalus zur Förderung der Immunität und Stressbewältigung

Astragalus trägt in der Traditionellen Chinesischen Medizin auch den Namen Huang Qi, was „gelbe Lebensenergie" bedeutet. Der Ursprung dieses Namens liegt in der gelben Farbe der Wurzeln. Astragalus wurde in der TCM demnach hauptsächlich als Qi-Tonikum verwendet, also als Stärkungsmittel, das dem Organismus hilft, die universelle Lebenskraft frei durch den gesamten Körper fließen zu lassen und dabei auch geistige und emotionale Prozesse unterstützend zu begleiten. Astragalus hat eine immunmodulierende Wirkung, was bedeutet, dass er ein schwaches Immunsystem stimuliert und gleichzeitig übermäßige Immunreaktionen bremst. Offensichtlich liegt der Grund dafür in den komplexen Zuckern der Pflanze (Astragalanen). Die Immunantwort konnte auch bei experimentell geschwächtem Immunsystem gestärkt werden. Es basiert darauf, dass Killerzellen und zellvermittelte Immunität (T-Zellen) aktiviert und die Fressaktivität (Phagocytose) sowie die Antikörperproduktion erhöht werden. Aber es gibt Versuche, die darauf hindeuten, dass nicht nur ein Mangel an Immunität, sondern auch ein Überschuss an Immunität für die Behandlung geeignet sind. Astragalus reduzierte nämlich den entzündlichen Prozess in der Lunge und die Schleimsekretion bei allergischem Asthma.

Abkochung bei Erkältung und Gefühlslosigkeit der Gliedmaßen

Bereiten Sie eine Abkochung aus 20 g Astragaluswurzel und 5 g Zimt zu, wie unter „Verschiedene Formen der Anwendung von Heilpflanzen" angegeben. Trinken Sie zweimal am Tag 150 ml. Kinder ab 12 Jahren dürfen diese Abkochung ebenfalls trinken.

Astragalus als Adaptogen

Wenn es um ein Adaptogen in der Naturmedizin geht, bezieht sich dies normalerweise auf Pflanzen oder Inhaltsstoffe, die uns bei der Anpassung an stressauslösende Faktoren unterstützen. Astragalus wird als wirksames Adaptogen betrachtet. Es schützt den Körper vor Stress und Krankheiten, unterstützt aber auch die Wiederherstellung des Gleichgewichts und wird oft verwendet, um die Vitalität, Ausdauer und Konzentration des Geistes zu erhöhen. Astragalus kann Ihnen helfen, sich zu beruhigen und zu erden, wenn Sie unter Stress und Ängsten leiden, und Sie wieder in einen Zustand der Harmonie zurückbringen.

Astragalus Chai Tee zur Entspannung und inneren Wärme
20 bis 30 g Astragaluswurzel, etwa 15 bis 20 kleine Scheiben
1 EL getrocknete Orangenschale
2 TL Ingwer, gehackt
½ EL Zimtchips
½ TL Pfefferkörner, ganz (schwarz)
2 grüne ganze Kardamomschoten

Zubereitung: Geben Sie alle Zutaten in einen Topf und bedecken diese mit 2 ½ Tassen Wasser. Bringen Sie alles zum Kochen, senken danach die Hitze und lassen es zugedeckt für 20 Minuten köcheln. Seihen Sie danach den Chai Tee ab und verfeinern Sie ihn bei Bedarf mit Milch und Honig.

Tipp: Trinken Sie den Chai Tee, während Sie sich mit nackten Füßen auf die Erde stellen. Erdung ist der Effekt, der auftritt, wenn der menschliche Körper mit der Erde in Kontakt kommt. Durch den Austausch von Energien und elektrischen Frequenzen wird Ihr Körper stabil und verspürt unter anderem Gefühle der Entspannung und Erleichterung.

Potenzielle Nebenwirkungen und Wechselwirkungen

Astragalus wird von den meisten Menschen gut vertragen. Untersuchungen haben jedoch mögliche Nebenwirkungen wie

- Hautausschlag,
- Juckreiz,
- laufende Nase,
- Übelkeit und
- Durchfall

gezeigt.

Intravenös verabreichte Heilpflanzen können schwerwiegendere Nebenwirkungen haben, wie zum Beispiel Herzrhythmusstörung. Die Anwendung als Infusion oder Injektion sollte daher nur einem Arzt vorbehalten sein.

Obwohl Astragalus für die meisten Menschen sicher ist, sollten die folgenden Personengruppen ihn meiden:

- Schwangere und stillende Frauen: Derzeit gibt es nicht genügend Forschungsergebnisse, um die Sicherheit des Astragalus während der Schwangerschaft oder Stillzeit zu belegen.
- Menschen mit Autoimmunerkrankungen und Menschen, die immunsuppressive Medikamente einnehmen: Obwohl angenommen wird, dass die Wurzel das Immunsystem reguliert, kann sie auch die Aktivität des Immunsystems steigern. Wenn Sie an einer Autoimmunerkrankung wie Multipler Sklerose, Lupus oder rheumatoider Arthritis leiden oder immunsuppressive Medikamente einnehmen, sollten Sie aus Sicherheitsgründen auf die Einnahme von Astragalus verzichten oder die Einnahme dieses Medikaments mit Ihrem Arzt besprechen.
- Astragalus kann auch den Blutzucker und Blutdruck beeinflussen. Wenn Sie an Diabetes leiden oder blutdrucksenkende Medikamente einnehmen, sollten Sie Astragalus nur nach Rücksprache mit Ihrem Arzt einnehmen, da die Wurzel die Wirkung des Medikaments verstärken kann.

Katzenkralle zur Unterstützung des Immunsystems bei entzündlichen Erkrankungen

Die Katzenkralle hat eine Heilwirkung, die auf verschiedenen Inhaltsstoffen basiert. Zu den wichtigsten Wirkstoffen gehören Oxindolalkaloide wie Pteropodin und Mitraphillin, die aus medizinischer Perspektive hauptsächlich für die Stärkung des Immunsystems verantwortlich sind. Studien haben unter anderem ergeben, dass die Einnahme der Katzenkralle bei den weißen Blutkörperchen niedrige Werte erhöht und zu hohe Werte verringert.

Es wurde angenommen, dass Oxindolalkaloide hauptsächlich in der Stammrinde zu finden sind. Nach Analysen sind sie jedoch hauptsächlich in den Blüten (2 %), den Blättern (1,6 %) und den Wurzeln (1 %) zu finden. Die Konzentration in der Stammrinde beträgt lediglich 0,5 %, während sie in den Dornenzweigen 0,3 % beträgt.

Der Hauptgrund für die heilende Wirkung der Katzenkralle liegt darin, das Immunsystem zu stärken und Entzündungen zu hemmen. Eine Entzündung ist tatsächlich eine notwendige Reaktion des Körpers, um sich vor Stimulanzien oder Krankheitserregern zu verteidigen. Die Entzündung wird jedoch chronisch und richtet sich gegen den Körper, wenn sie außer Kontrolle gerät. Entzündungen verursachen zahlreiche Erkrankungen, darunter

- Psoriasis (Schuppenflechte),
- Neurodermitis,
- Rheuma,

- Asthma,
- Parodontitis,
- Multiple Sklerose

und viele andere. Zusätzlich können Entzündungen auch Krankheiten wie Diabetes, Herzinfarkt und Krebs verursachen. Daher zählen Entzündungshemmer wie Metamizol, Acetylsalicylsäure und Ibuprofen zu den am weitesten verbreiteten Arzneimitteln. Jedoch stellen sie oftmals ein Problem dar, da sie nicht frei von Nebenwirkungen sind und die Abwehrkraft des Körpers schwächen können.

Katzenkralle bei rheumatoider Arthritis

Eine Placebo-kontrollierte Studie am Innsbruck University Hospital umfasste 40 Teilnehmer mit rheumatoider Arthritis. Dreimal täglich erhielten sie eine Kapsel, in der 20 mg Katzenkrallenextrakt enthalten waren. Es wurde dabei nachgewiesen, dass der Extrakt zur Abschwächung chronischer Entzündungen beiträgt. Der erste Erfolg der Therapie kam nach 3 Monaten. Im Vergleich zur Kontrollgruppe hatte sich die Morgensteifigkeit nach einem halben Jahr verringert und die Schmerzen und Schwellungen waren deutlich gesunken. Außerdem wurde der Extrakt gut aufgenommen und es gab keine wesentlichen Nebenwirkungen.

Katzenkrallenaufguss
1 bis 2 TL Katzenkralle, getrocknet und geschnitten
500 ml Wasser

Zubereitung: Übergießen Sie die getrocknete Katzenkralle mit dem heißen Wasser und lassen alles für 10 Minuten ziehen. Seihen Sie dann den Tee ab und trinken Sie diesen über den Tag verteilt. Kinder ab 12 Jahren dürfen diese Abkochung ebenfalls trinken.

Die richtige Dosierung

Die Informationen zur Dosierung von Extrakten und zur Zubereitung von Tee sind sehr unterschiedlich. Die Dosierung richtet sich einerseits nach dem entsprechenden Extrakt oder Tee, andererseits nach der zu behandelnden Krankheit. Es ist zu berücksichtigen, dass Extrakte aufgrund ihrer unterschiedlichen Zusammensetzung und ihres unterschiedlichen Gehalts nicht miteinander vergleichbar sind. In den meisten klinischen Studien wurden Oxindolalkaloide mit einem Anteil von 0,5 % in Dosen von 250 bzw. 300 mg wässrigem Extrakt angewendet. Im Prinzip gilt:

• Zur Zubereitung von Tee sollte pro Tag 1 g der Wurzelrinde der Katzenkralle verwendet werden. Dieser Tee wird zwei- oder dreimal am Tag getrunken.

• Die empfohlenen Dosierungen für Trockenextrakte betragen zwei- bis dreimal täglich 30 mg.

• Die Angaben für wässrige Extrakte liegen zwischen 250 und 750 mg Katzenkrallenextrakt täglich.

Es wird empfohlen, bei der Dosierung der Katzenkralle einen Heilpraktiker zu konsultieren, der bereits Erfahrungen mit der Heilpflanze gesammelt hat. Auf diese Weise lässt sich die Dosierung optimal auf die individuellen Bedürfnisse einstellen. Es ist in der Regel von Bedeutung, bei Extrakten den Angaben der Hersteller zu folgen.

Potenzielle Nebenwirkungen und Wechselwirkungen

Die Katzenkralle gehört nicht zu den Pflanzen, die als toxisch gelten. Um die Nebenwirkungen oder Toxizität abzuwägen, wurden in klinischen Studien bis zu 2.000 mg Extrakt pro Kilogramm Körpergewicht verabreicht, ohne dass etwas Unerwünschtes eingetreten ist.

Nebenwirkungen wurden bei den üblichen, also häufig verwendeten Dosierungen fast überhaupt nicht festgestellt. Übelkeit, leichte Magen-Darm-Probleme wie Durchfall, eine Erhöhung der Harnsäurewerte und leichte Herz-Kreislauf-Beschwerden können jedoch auftreten, wenn die Dosierung vergleichsweise hoch ist. Ein übermäßiger Gehalt an tetracyclischen Oxindolalkaloiden kann jedoch eine Ursache dafür sein.

Aufgrund der immunstimulierenden Wirkung sollten Personen, die Organ-, Knochenmarks- oder Hauttransplantationen erhalten haben, die Katzenkralle meiden. Um eine Abstoßung des Transplantats zu vermeiden, müssen bei diesen Patienten sogenannte Immunsuppressiva eingesetzt werden, um das Immunsystem herunterzufahren.

Frauen, die versuchen, schwanger zu werden, sollten ebenfalls vorsichtig sein, da die Katzenkralle traditionell zur Vorbeugung einer Schwangerschaft verwendet wird. Da es keine entsprechenden Studien gibt, sollten Schwangere und Stillende die Katzenkralle aus Sicherheitsgründen nicht einnehmen. Da es unbekannt ist, welche Auswirkungen die Einnahme auf das noch nicht vollständig entwickelte Immunsystem hat, sollten auch Kinder die Katzenkralle nicht zu sich nehmen.

Heilpflanzen für die Verdauung

Wenn es Probleme mit der Verdauung gibt, kann das schon sehr zur Belastung werden. Eine unzureichende Produktion von Verdauungssekreten, Infektionen wie Gastroenteritis, eine beeinträchtigte Darmflora, Stress und Ängste sind die gängigsten Ursachen. Aber beinahe immer sind Heilmittel in der Lage, Magen- oder Darmbeschwerden schnell und schonend zu lindern. Darüber hinaus eignen sich viele Heilkräuter gut zur Prävention.

Die wichtigsten Heilpflanzen für die Verdauung

Auch zur Behandlung von Verdauungsbeschwerden können viele unterschiedliche Heilpflanzen eingesetzt werden. Die Pfefferminze beispielsweise kann krampfartige Magen- und Darmschmerzen lindern, ein Tee aus Kamille und Pfefferminze hat sich bei Durchfall bewährt, während Ingwer positiv auf Übelkeit wirkt. Kräuter, die viele Bitterstoffe enthalten, sind bei Völlegefühl und Blähungen hilfreich, da sie den gesamten Verdauungstrakt stimulieren. Sie regen die Peristaltik, die Leber, die Gallenblase und die Bauchspeicheldrüse an. Daraufhin werden mehr Säfte und Enzyme produziert, die für eine optimale Zersetzung der Nahrung erforderlich sind. Dies kann sogar eine übermäßige Säureproduktion vermeiden, die zu Sodbrennen führt, und hilft bei Völlegefühlen, Blähungen und unangenehmem Druck im Bauch. Zu diesen Substanzen gehören beispielsweise die Artischocken.

Kamille

Inhaltsstoffe:

- Ätherisches Öl
- Cumarine
- Flavonoide
- Gerbstoffe
- Glykosidische Bitterstoffe

Wirkung:

- Antiallergen
- Blähungstreibend
- Entzündungshemmend
- Krampflösend
- Mildes Bittermittel
- Relaxans

Anwendung:

- Biss und Stiche
- Ekzeme
- Katarrh und Heuschnupfen
- Koliken
- Leichtes Asthma
- Magenkrämpfe
- Magenverstimmung
- Schlaflosigkeit
- Schwangerschaftsübelkeit
- Überanstrengte Augen
- Wunde Brustwarzen

Pfefferminze

Inhaltsstoffe:

- Ätherisches Öl
- Flavonoide
- Phenolcarbonsäuren
- Triterpene

Wirkung:

- Antimikrobiell
- Blähungslindernd
- Krampflösend
- Schmerzlindernd
- Schweißtreibend

Ingwer

Inhaltsstoffe:

- Ätherisches Öl
- Nichtflüchtige Scharfstoffe

Wirkung:

- Antiviral
- Entzündungshemmend
- Gegen Erbrechen
- Kreislaufstimulierend
- Verdauungsfördernd

Anwendung:

- Bluthochdruck und Arteriosklerose
- Erkältungen, Grippe und Fieber
- Frostbeulen
- Lippenherpes
- Schwangerschaftserbrechen
- Übelkeit und Reisekrankheit
- Verdauungsstörungen, Blähungen und Koliken
- Verstopfung

Artischocke

Inhaltsstoffe:

- Inulin
- Sesqiterpenlacton (Cynaropicrin)

Wirkung:

- Regt die Darmbewegung an
- Fördert die Fettverbrennung
- Senkt den Cholesterin- und Blutzuckerspiegel
- Regt Leber- und Gallenfunktion an

Anwendung:

- Blähungen
- Schmerzen im Oberbauch
- Sodbrennen
- Übelkeit und Erbrechen
- Völlegefühl

Kamille zur Linderung von Magen-Darm-Beschwerden

Kamillenblüten werden als ein traditionelles Mittel zur Heilung angesehen. Wie die Pflanzenstoffe aus der Kamille im Körper transportiert werden, ist noch nicht vollständig untersucht. Flavonoide gehören zu den Substanzen, die im Magen und Dünndarm geteilt und aufgenommen werden. Die Darmbakterien ändern einige Pflanzenstoffe (Flavone) zunächst im Dickdarm und nehmen sie dann im Darm auf. Daher variieren die Aufnahmeraten abhängig davon, wo die Substanzen im Darm aufgenommen werden und welche Substanz auch betrachtet wird. Höchstwerte im Blut wurden zwischen einer halben und sieben Stunden nach der Einnahme gemessen. Im Laufe der Zeit wird der Pflanzenstoff von der Leber abgebaut. Dabei erfolgt eine Änderung der Stoffe, damit diese mit dem Urin in der Niere ausgeschieden werden. Darüber hinaus verlässt ein Teil den Körper mit dem Stuhlgang.

Magen- und Darmprobleme mit Kamille behandeln

Kamille hat eine entzündungshemmende Wirkung und kann Schleimhautentzündungen im Magen reduzieren. Die Bakterien wie Helicobacter pylori, das Magenschleimhautentzündungen (Gastritis) verursacht, werden durch die Pflanzenstoffe nicht vermehrt. Darüber hinaus reduzieren die Wirkstoffe das Selbstverdauen der Magenwand oder Speiseröhre, die bereits beschädigt ist. Die Magensäure wird neutralisiert und die Entzündung reduziert. Die Kamille sorgt für eine Entspannung der glatten Magenmuskulatur und löst Krämpfe.

Kamille findet zudem auch Anwendung bei Erkrankungen des Darms mit Durchfall, denn sie schützt die Schleimhaut des Darms. Krankheitserreger wie Salmonellen, Kolibakterien oder der Hefepilz Candida albicans werden ebenfalls durch die Pflanzenstoffe gehemmt. Darüber hinaus hilft Kamille bei der Schmerzlinderung.

Rollkur mit Kamillenblütentee

Bereiten Sie sich einen Aufguss aus 2 Esslöffel Kamillenblüten und 500 ml heißem Wasser zu. Lassen Sie den Tee 10 Minuten stehen und seihen ihn dann ab. Trinken Sie vorzugsweise morgens auf nüchternen Magen 2 große Tassen in kleinen Schlückchen. Legen Sie sich dann zunächst auf die linke Seite und verweilen in dieser Position 5 Minuten. Rollen Sie sich dann auf Ihren Bauch und bleiben auch hier 5 Minuten liegen, bevor Sie sich anschließend auf die rechte Seite drehen und ebenfalls für 5 Minuten in dieser Position bleiben. Legen Sie sich danach für eine halbe Stunde in eine für Sie angenehme Liegeposition. Wenn Sie möchten, können Sie über den Tag verteilt weiteren Kamillentee trinken.

Ziel der Rollkur ist es, dass die heilende Wirkung des Tees in alle Bereiche des Magen-Darm-Trakts gelangt.

Tinktur bei Reizdarm
Bereiten Sie die Tinktur so zu, wie unter „Verschiedene Formen der Anwendung von Heilpflanzen" angegeben. Verwenden Sie dreimal am Tag 1 TL mit 100 ml Wasser.

Potenzielle Nebenwirkungen und Wechselwirkungen

Es wird allgemein angenommen, dass Kamille sicher ist. Dass es eine Überdosis an Kamille gibt, ist nicht bekannt. In Untersuchungen wurden täglich zwischen 5 und 16 g Tee aus Kamillenblüten getrunken. Die Tagesdosis eines Trockenextrakts, die in den Studien üblich war, betrug 150 bis 1.500 Milligramm. Darüber hinaus wurde diese höchste Dosis als sicher bewertet, wenn sie über etwa 9 Monate eingenommen wurde.

Die Kamille ist gut verträglich. Allergien und Hautreaktionen sind selten zu beobachten gewesen. Präparate sollten jedoch nicht von Personen verwendet werden, die allergisch gegen Kamille oder die Pflanzenfamilie der Korbblütler (Asteraceae oder Compositae) sind.

Pfefferminze zur Entspannung der Muskulatur im Verdauungstrakt

Seit Jahrtausenden ist die Pfefferminze ein äußerst geschätztes und weitverbreitetes Heilkraut. So erkennen die meisten von uns – wenn auch nicht mehr die Pflanze selbst – zumindest ihren charakteristischen frisch-würzigen Minzduft. Darüber hinaus wird ein Großteil des Menthols immer noch direkt aus der Pfefferminzpflanze gewonnen, obwohl sich das Menthol-Aroma für Kaugummis, Zahncreme, Mundwasser usw. selbstverständlich längst auch vollsynthetisch herstellen lässt.

Pfefferminze bei Blähungen und Krämpfen

Es kommt nicht selten vor, dass eine Mahlzeit schwer im Magen liegt oder Verdauungsprozesse stocken und Übelkeit sowie Blähungen auftreten. In diesem Fall können die neutralisierenden Effekte der Pfefferminze helfen, alles wieder ins Lot zu bringen.

Die Pfefferminze stimuliert die Ausschüttung von Magensaft, was zu einer beschleunigten Magenentleerung und einer Anregung des Appetits führt. Der Pfefferminztee wirkt im Darm deutlich als Blähungsmittel, was in der Regel äußerst verlässlich flatulenzbedingte Bauchschmerzen lindern kann. Wenn jedoch chronische Magenbeschwerden vorherrschen und die Magenschleimhaut bereits angegriffen ist, empfiehlt sich statt eines reinen Pfefferminztees ein milderer Tee, nämlich die Mischung der Pfefferminze mit einem Teil Kamille.

Reizdarm und Pfefferminze

Das Reizdarm-Syndrom, das heutzutage eine weitverbreitete Volkskrankheit ist, hat für die Betroffenen oft eine klare Beeinträchtigung der Lebensqualität zur Folge. Meistens sind Bauchkrämpfe mit unvorhersehbarem Durchfall die Hauptsymptome.

In zahlreichen Situationen kann die Schulmedizin keine physischen Ursachen feststellen. Dadurch werden die Anzeichen nur durch Medikamente unterdrückt. Dies führt jedoch nicht notwendigerweise zu einer Heilung, sondern vielmehr zu einer Sucht nach den eingenommenen Medikamenten.

Daher ist es nicht überraschend, dass eine zunehmende Anzahl von Menschen mit lang anhaltenden Magen-Darm-Problemen nach pflanzlichen Alternativen sucht, die viel besser vertragen werden und keine schwerwiegenden Nebenwirkungen haben. Ihr Einsatz beim Reizdarm-Syndrom liegt nahe, da die Pfefferminze ein altbewährtes Heilmittel bei krampfartigen Magen-Darm-Trakt-Beschwerden, Übelkeit und Blähungen ist.

Auch bei Reizdarm-Patienten entspannt sich mithilfe der Pfefferminze die Darmmuskulatur deutlich. Schonend können sich die empfindlichen Nervenzellen beruhigen und angestaute Darmgase verlassen. Das Menthol der Pfefferminze stimuliert außerdem den Anti-Schmerz-Kanal in den Dickdarmwänden, wodurch das Schmerzgefühl verringert wird. Darüber hinaus verbessert die antibakterielle Wirkung der Pfefferminze das Darmmilieu, indem sie das Wachstum von schlechten Darmbakterien behindert.

Pfefferminzölmassage

Bereiten Sie einen Aufguss zu, wie unter „Verschiedene Formen der Anwendung von Heilpflanzen“ angegeben, und machen Sie daraus eine Lotion. Tragen Sie von dieser Lotion etwas auf Ihre Hände und reiben Sie Ihren Bauch im Uhrzeigersinn sanft damit ein.

Aufguss zur Verdauungsförderung

Bereiten Sie einen Aufguss zu, wie unter „Verschiedene Formen der Anwendung von Heilpflanzen“ angegeben, und trinken Sie nach den Mahlzeiten 150 ml, um Ihre Verdauung anzuregen.

Potenzielle Nebenwirkungen und Wechselwirkungen

Eine Nebenwirkung von Pfefferminzblättern ist nicht bekannt. Pfefferminzöl kann jedoch Magenverstimmungen bei empfindlichen Menschen hervorrufen. Wenn Pfefferminzöl zu oft verwendet wird, kann es auch empfindliche Mägen anregen.

Es kommt nur selten vor, dass Pfefferminzöl allergische Reaktionen hervorruft. Eine Überdosierung kann allerdings Vergiftungssymptome verursachen, die in erster Linie das zentrale Nervensystem betreffen:

- Benommenheit,
- Kältegefühl,
- rauschähnliche Zustände und
- Koordinationsstörungen.

Pfefferminzblätter oder deren Zubereitung sowie Pfefferminzöl dürfen bei Gallensteinleiden nur in Absprache mit dem Arzt verwendet werden. Verschluss der Gallenwege, Gallenblasenentzündung und schwere Leberschäden sind weitere Gegenanzeigen der Pfefferminzölanwendung.

Ingwer zur Förderung der Verdauung und Bekämpfung von Übelkeit

Ingwer ist vor allem sehr beliebt bei Magen-Darm-Beschwerden. Durch seine Wirkstoffe regt er die Darmmotorik an und unterstützt die Sekretion der Verdauungssäfte. Darüber hinaus bewirken die enthaltenen Mineralstoffe Kalium, Magnesium und Eisen, dass der Stoffwechsel angeregt wird, und sie haben zudem noch eine entschlackende und verdauungsfördernde Wirkung.

Ingwer bei Übelkeit und Erbrechen

Es gibt viele verschiedene Ursachen für Übelkeit und Erbrechen, sei es während der Schwangerschaft, auf Reisen, bei einer Magen-Darm-Grippe, nach einer Operation oder aufgrund einer Chemotherapie. Die Ingwerwurzel kann in zahlreichen Situationen dazu beitragen, diese Symptome zu verhindern, zu reduzieren oder zu lindern.

Die Ingwerwurzel wirkt direkt auf den Magen-Darm-Trakt und hat antioxidative und antientzündliche Eigenschaften. Sie beseitigt Darmgase und beschleunigt die Entleerung des Magens. Es gibt auch Anzeichen dafür, dass Brechreiz und Übelkeit durch die Auswirkungen auf das Zentralnervensystem und die Hemmung von Serotoninrezeptoren zusätzlich verringert werden.

> Bei einem Rezeptor handelt es sich um eine Andockstelle an einer Körperzelle, an der bestimmte Signale ausgelöst werden, wenn Botenstoffe, Proteine oder Hormone wie Serotonin an den Rezeptor gelangen.

Viele Menschen mit Reisekrankheit schwören auf die Ingwerwurzel, aber es gibt nur wenige Studien, die diese Wirkung bestätigen. Die Forscher der University of Michigan haben jedoch herausgefunden, dass Ingwer bei

Reiseübelkeit sogar wirksamer sein kann als Dimenhydrinat, das üblicherweise verschrieben wird und mit zahlreichen Nebenwirkungen wie Schläfrigkeit und Benommenheit verbunden sein kann. Es wird empfohlen, die Behandlung schon am Tag zuvor zu beginnen. Sie haben die Möglichkeit, sich aus getrocknetem Ingwer einen Tee zu machen, kleine Scheibchen von der rohen Wurzel abzuschneiden und gut zu kauen oder ihn als Pulver oder Extrakt einzunehmen.

Aufguss gegen Übelkeit
Bereiten Sie einen Aufguss zu, wie unter „Verschiedene Formen der Anwendung von Heilpflanzen" angegeben, und trinken Sie dreimal täglich 150 ml. Kinder ab 12 Jahren dürfen diesen Aufguss ebenfalls trinken.

Tinktur zur Verbesserung der Verdauung
Bereiten Sie die Tinktur zu, wie unter „Verschiedene Formen der Anwendung von Heilpflanzen" angegeben, und nehmen Sie zweimal täglich 30 Tropfen mit etwas Wasser ein.

Kapseln bei Schwangerschaftsübelkeit
Bereiten Sie die Kapseln zu, wie unter „Verschiedene Formen der Anwendung von Heilpflanzen" angegeben, und nehmen Sie im Akutfall stündlich eine 75-mg-Kapsel ein.

Potenzielle Nebenwirkungen und Wechselwirkungen

Bei richtiger Dosierung verursacht Ingwer kaum Nebenwirkungen und wenn, dann sind diese meist nicht sonderlich ausgeprägt. Bei der Anwendung von Ingwer treten bei einigen Personen Verdauungsprobleme wie

- Sodbrennen,
- Aufstoßen,
- Magenschmerzen oder Durchfall

auf. Es könnte sein, dass der Ingwer die Produktion von Magensäure stimuliert, was einen Magen, der bereits empfindlich ist, belasten kann. Bei anderen Patienten kann der Ingwer auch bei den genannten Symptomen helfen. Die Reaktionen sind von Mensch zu Mensch unterschiedlich.

Allerdings sollten Personen mit Gallensteinen den Ingwer nur in Absprache mit einem Arzt verwenden, denn seine ursprünglich positive Wirkung auf die Galle könnte bei bereits vorhandenen Gallensteinen zu Koliken führen, wenn diese sich lösen, zu groß sind und in den Gallenwegen stecken bleiben.

Artischocke zur Unterstützung der Leberfunktion und Verdauungsregulierung

Die Wirkung der Artischocke auf die Verdauung wussten schon die alten Römer zu schätzen: Nach reichhaltigen Festmahlen und viel Wein galt sie als Wohltat für Magen und Leber. Die Artischocke wird heutzutage nicht nur als mediterranes Gemüse bezeichnet, sondern gilt auch als Heilmittel für zahlreiche Verdauungsprobleme.

Die Artischocke zur Leberentgiftung und Cholesterinsenkung

Alkohol, fettes Essen, Zucker und chemische Zusatzstoffe in Lebensmitteln (Geschmacksverstärker) belasten unseren Körper häufig. Um das Gleichgewicht zwischen Zucker, Fetten, Hormonen, Vitaminen, Mineralstoffen und Spurenelementen im Körper aufrechtzuerhalten, ist die Leber unser Entgiftungsorgan.

Die Leber liegt im rechten Oberbauch und hat ein Gewicht von etwa 2 kg. Die Gallenflüssigkeit wird von den Leberzellen produziert, die in der Gallenblase gesammelt werden. Daher erfolgt die Steuerung des Gallenflusses für die zu verdauende Nahrung (Fett). Zu den ersten Symptomen einer Überlastung der Leber gehören

- Müdigkeit und Leistungsschwäche,
- Völlegefühl,
- Appetitlosigkeit,
- häufige Blähungen,
- Verstopfung oder
- Durchfall.

Zur Entlastung der Leber und zur Stärkung ihrer Funktion können Sie sich von der Natur helfen lassen. Insbesondere Artischocken stimulieren und fördern die Funktion der Leber.

Das wertvolle Cynarin, Chlorogensäure und Flavonoide (einschließlich Luteolin) sind in den Artischockenblättern vorhanden. Daran erfreut sich die Galle, insbesondere die Gallenflussproduktion, die die Bitterstoffe aus der grünen Delikatesse regelrecht liebt. Eine gute Gallenflussproduktion unterstützt daher bei Beschwerden im Oberbauch, Übelkeit, Blähungen und Völlegefühlen. Die Galle ist dabei eine große Unterstützung der Leber, wodurch eine bessere Entgiftung ermöglicht wird. Die Gallensäure sorgt für ein gesundes Gleichgewicht der Cholesterinwerte, indem sie eine bessere Ausscheidung von Cholesterin und eine geringere Produktion von neuem Cholesterin in der Leber bewirkt. So kann die Artischocke den Cholesterinspiegel senken und Arterienablagerungen verhindern.

Artischockensaft
Bereiten Sie zunächst einen Aufguss zu, wie unter „Verschiedene Formen der Anwendung von Heilpflanzen" angegeben, und machen Sie daraus eine Tinktur. Nehmen Sie von dieser zwei- bis dreimal täglich 1 Teelöffel in etwas Wasser ein.

Gekochte Artischocke als leckere Mahlzeit
Waschen Sie die ganze Artischocke mit Wasser ab, entfernen Sie dann den Stiel und die äußeren kleinen Blätter mit einem Messer. Bedecken Sie nun die Artischocke mit Wasser in einem Topf und lassen Sie diese etwa 30 bis 40 Minuten köcheln, bis sich die Blätter leicht abziehen lassen.

Hinweis: Verwenden Sie keinen Aluminiumtopf, da Aluminium mit der Artischocke reagiert und diese oxidiert. Das Geschmackserlebnis wäre ruiniert.

Ist die Artischocke gar, können Sie die Blätter einfach abziehen und den unteren fleischigen, schmackhaften Teil mit Ihren Zähnen herausziehen. Sind alle Blätter ab, entfernen Sie zunächst das ungenießbare „Heu". Nun bleibt das Herz der Artischocke übrig, welches ebenfalls sehr lecker ist und als Delikatesse angesehen wird.

Zum Dippen können Sie eine Vinaigrette oder eine herzhafte Käsesoße bereitstellen.

Potenzielle Nebenwirkungen und Wechselwirkungen

Artischocken haben in der Regel nur sehr selten Nebenwirkungen. Artischockenblätter sollten jedoch nicht verwendet werden, wenn Allergien oder eine Überempfindlichkeit gegenüber Artischocken oder anderen Pflanzen der Familie der Korbblütler vorliegt. Artischockenblätter sollten auch bei Gallengangverschlüssen nicht verwendet werden, da sie den Gallenfluss stimulieren. Bei Patienten mit Gallensteinen ist eine ärztliche Nutzen-Risiko-Abwägung vor der Anwendung notwendig.

Heilpflanzen für das Nervensystem

Leider ist Stress heutzutage ein fester Bestandteil unseres täglichen Lebens, da wir ständig unter Druck von Zeit und Leistung leben. Stress sollte per se jedoch nicht immer als negativ betrachtet werden, denn er hat auch etwas Positives. Er sorgt dafür, dass der Körper in Gefahrensituationen in Alarmbereitschaft ist. Hormone werden freigesetzt, die dem Körper dabei helfen, rasch auf diese Gefahren zu reagieren. Blutdruck, Aktivität der Muskeln und Herzfrequenz nehmen zu. Ist die Gefahr vorüber, kehrt der Körper in seinen Ruhezustand zurück. Passiert dies nicht und steht eine Person ständig unter Stress und Anspannung, gibt uns unser Körper nach einer Weile bestimmte Signale, die als Krankheiten auftreten und unsere Nerven belasten können, wie etwa Reizbarkeit, Schlafstörungen oder Herzprobleme. In Augenblicken wie diesen müssen wir einen Gang zurückschalten. Aber sollten wir es wirklich so weit kommen lassen? Nein, denn es gibt Dinge, die wir präventiv tun können, um mit Stress besser umzugehen und diesen zu minimieren.

Die wichtigsten Heilpflanzen für das Nervensystem

Es ist nicht zu schwierig, das Gleichgewicht wiederherzustellen, indem wir wohltuende Kräuter verwenden. Bestimmte Kräuter tragen aufgrund ihrer Entspannungswirkung dazu bei, das Nervensystem zu stärken. Johanniskraut und Baldrian sind wohl die geläufigsten Kräuter, doch auch die Passionsblume und der Ginkgo biloba gehören zu jenen Heilpflanzen, die dem Organismus helfen und diesen in verschiedenen Bereichen bestmöglich unterstützen.

Johanniskraut

Inhaltsstoffe:

- Flavonoide
- Phloroglucinol (Hyperforin)
- Polycyklische Diketone (Hypericin)

Wirkung:

- Antidepressiv
- Antiviral
- Anxiolytikum
- Entzündungshemmend
- Wundheilend

Anwendung:

- Angst, Depressionen und Anspannung
- Bisse und Stiche
- Stimmungsschwankungen und Vitalitätsverlust während der Menopause
- Lippenherpes, Windpocken und Gürtelrose
- Neuralgie
- Rückenschmerzen
- Schmerzende Muskeln
- Steife und schmerzende Gelenke

Passionsblume

Inhaltsstoffe:

- Aminosäuren
- Cyanglykoside (Gynocardin)
- Flavonoide (Apigenin)
- Indolalkaloide

Wirkung:

- Beruhigend
- Krampflösend
- Tranquilizer

Anwendung:

- Schlaflosigkeit auch als Folge von Rückenschmerzen

Baldrian

Inhaltsstoffe:

- Alkaloide
- Ätherisches Öl
- Iridoide

Wirkung:

- Angstlindernd
- Beruhigend
- Blutdrucksenkend
- Entspannend
- Lindert Muskelkrämpfe

Anwendung:

- Chronische Beklemmung
- Nervöse Erschöpfung
- Prämenstruelle Spannung
- Schlaflosigkeit auch als Folge von Rückenschmerzen

Ginkgo biloba

Inhaltsstoffe:

- Bilobalid
- Flavonoide
- Ginkgolide

Wirkung:

- Antiallergen
- Asthmamittel
- Entzündungshemmend
- Krampflösend
- Kreislaufanregend

Anwendung:

- Bluthochdruck und Arteriosklerose
- Gedächtnisschwund

Johanniskraut bei leichten bis mittelschweren Depressionen

Es herrscht strahlend blauer Himmel, die Sonne scheint und wärmt die Haut, der Sommer kommt – da müsste es um die Laune gut bestellt sein. Diejenigen, die häufiger an depressiven Stimmungen leiden, lassen sich leider nicht durch gutes Wetter beeinflussen. Aber bei leichten bis mäßigen depressiven Stimmungen hat die Natur noch andere Lichtblicke. Johanniskraut kann wirksam dazu beitragen, die Stimmung aufzuhellen, insbesondere im Zusammenhang mit den Winterblues. Einige Frauen verwenden Johanniskraut auch beim Prämenstruellen Syndrom (PMS), wenn sie also Beschwerden wie Gereiztheit oder Traurigkeit vor der monatlichen Menstruation verspüren.

In der Volksheilkunde findet Johanniskraut schon seit Jahrhunderten Anwendung. Die Heilpflanze wurde 2019 vom Verein Paracelsus e. V. als Heilpflanze des Jahres ausgezeichnet, da sie bei leichten bis mäßigen depressiven Verstimmungen wirksam ist. Aber die Blüten und Blätter bieten noch mehr: Sie bilden die Grundlage für das Johanniskrautöl, das für die äußere Haut- und Narbenpflege verwendet wird. Der Farbstoff Hypericin, der im Öl enthalten ist, gibt dem Öl eine kräftig rote Färbung, weswegen es auch als Rotöl bezeichnet wird und beim Zerkleinern der Blüten austritt.

Verschiedene Wirkweisen im Körper sind für die bewährte aufbauende Wirkung von Johanniskraut verantwortlich: Zum einen kann die Heilpflanze helfen, den ungleichgewichtigen Botenstoffhaushalt im Gehirn wieder in Ordnung zu bringen, indem es die Übertragung von Informationen zwischen den Nervenzellen normalisiert. Johanniskraut bewirkt außerdem eine regulierende Freisetzung des Stresshormons Cortisol.

Verantwortlich für die positiven Auswirkungen der Johanniskrautpflanze sind ihre Bestandteile, die hauptsächlich in den Blüten, Blättern und oberen Triebspitzen vorhanden sind. Ihre wichtigsten Inhaltsstoffe sind Hypericin, Hyperforin und Flavonoide. Diese sind verantwortlich für die stimmungsaufhellende und ausgleichende Wirkung des Johanniskrauts. Insbesondere das Hyperforin hemmt die neuronale Aufnahme von Noradrenalin, Dopamin und Serotonin, wodurch es eine antidepressive Wirkung hat. Die Konzentration der Botenstoffe im Gehirn, die eine Depression auslösen können, ändert sich.

Johanniskrautpräparate sollten mindestens 600 bis 900 Milligramm Pflanzenextrakt enthalten, damit sie eine antidepressive Wirkung haben. Diese Dosis ist bei den meisten Präparaten mit einer Kapsel am Tag abgedeckt. Präparate dieser Art erhalten Sie in der Apotheke. Dagegen sind die in Drogerien erhältlichen Produkte, die Johanniskraut in Pulverform anbieten, nicht ausreichend hoch dosiert, um Depressionen effektiv zu behandeln, weswegen die Wirkung oft nicht, wie erhofft, eintritt. Es ist auch von Bedeutung zu berücksichtigen, dass die Wirkstoffe der Johanniskrautpräparate im Körper eine ausreichende Anreicherung benötigen, um eine spürbare Wirkung zu erzielen – dies dauert ungefähr 2 bis 3 Wochen, was also ein wenig Geduld erfordert.

Tinktur als natürliches Antidepressiva
Bereiten Sie zunächst einen Aufguss zu, wie unter „Verschiedene Formen der Anwendung von Heilpflanzen" angegeben, und machen Sie daraus eine Tinktur. Nehmen Sie von dieser dreimal täglich ½ Teelöffel in etwas Wasser ein. Für Kinder ist die Tinktur ab 12 Jahren geeignet.

Potenzielle Nebenwirkungen und Wechselwirkungen

Auch wenn Johanniskraut weniger unerwünschte Nebenwirkungen aufweist als synthetische Antidepressiva, können sie dennoch auftreten. Es wird angenommen, dass die Haut anfälliger für Licht wird und auf Sonneneinstrahlung schneller mit Rötungen oder Ausschlägen reagiert. Personen, die hoch konzentrierte Präparate einnehmen, sollten aufgrund dieser phytotoxischen Wirkung Sonnenbäder vermeiden und im Allgemeinen einen sehr hohen Sonnenschutz verwenden. Auch Kopfschmerzen, Übelkeit und allergische Reaktionen können auftreten, wenn Johanniskraut eingenommen wird.

Außerdem kann Johanniskraut bei gleichzeitiger Einnahme mit zahlreichen anderen Arzneimitteln interagieren. Zu diesen gehören bestimmte Krebsmedikamente, blutverdünnende Mittel oder Präparate, die die Immunabwehr unterdrücken (Immunsuppressiva), sowie bestimmte Antidepressiva, wie Amitriptylin oder Nortriptylin. Es gibt weitere Untersuchungen, die annehmen, dass die Verhütung durch die Antibabypille möglicherweise auch beeinträchtigt wird. Das liegt daran, dass Johanniskrautpräparate die Produktion eines spezifischen Enzyms stimulieren, das die Leber dazu bringt, Arzneimittel schneller zu verarbeiten. Wenn Sie gleichzeitig andere Medikamente einnehmen, sollten Sie daher unbedingt ärztlichen Rat einholen.

Passionsblume zur Beruhigung und Linderung von Angstzuständen

Es gibt heutzutage immer mehr Menschen, die von Benzodiazepinen, also Antidepressiva, abhängig sind, um den Anforderungen des modernen Alltags gerecht zu werden. Bei übermäßigem Stress oder schwachen Nerven handelt es sich gelegentlich um temporäre Probleme, doch oft werden sie auch zu einem dauerhaften Zustand. Diese Art von Tranquilizern kann jedoch süchtig machen und dadurch zu Folgeproblemen führen. Daher ist es besser, eine pflanzliche Option zu wählen, die tagsüber beruhigend und abends schlaffördernd ist. Die Passionsblume hat sich in dieser Hinsicht als unbedenklich erwiesen und hat laut der Wissenschaft keinerlei Suchtpotenzial. Warum es zu Schlafstörungen kommt, liegt an dem Neurotransmitter GABA, welcher im Gehirn von uns Menschen produziert wird. Ein Mangel an GABA (Gamma-Amino-Buttersäure) kann zu Stress, Nervosität und infolgedessen zu Schlafstörungen führen. Im Gehirn hat der Botenstoff GABA eine hemmende

Funktion bei der Übertragung von Stress-Reizen. Die Synapse stellt den Ort dar, an dem eine Nervenzelle mit einer anderen Nervenzelle im Gehirn in Berührung kommt. Synapsen ermöglichen die Übertragung von Reizen und Signalen von einer Nervenzelle zur nächsten. Wenn GABA in dem synaptischen Spalt der Nerven als Neurotransmitter freigesetzt wird, wirkt es entspannend und beruhigend.

Eine unzureichende Menge an GABA im synaptischen Spalt stört den „Entspannungsmechanismus" bei nervösen Unruhezuständen, was bedeutet, dass ein Mangel an GABA das innere Gleichgewicht massiv beeinflussen und die Aktivität der Nerven dauerhaft erhöhen kann. Unruhe, Anspannung, Ängste oder sogar Panik klingen nicht ab und verstärken sich sogar meist. Außerdem können Schlafstörungen auftreten. Allerdings sind Sie dagegen nicht machtlos, denn Sie können Ihren Körper dabei unterstützen, die GABA-Konzentration zu erhöhen, mithilfe der Wirkstoffe der Passionsblume. Diese steigert die GABA-Konzentration in der synaptischen Säule, was wiederum zu einer Verringerung der Übertragung von Stress-Signalen in der Nervenbahn führt. Verantwortlich dafür sind die zahlreichen kostbaren Bestandteile wie Flavonoide, wichtige Fettsäuren und ätherische Ölspuren. Die Passionsblume gilt hauptsächlich als Heilpflanze für das Nervensystem aufgrund ihrer ausgleichenden und schlaffördernden Wirkung. Wenn Sie Probleme mit dem Einschlafen haben, hilft Ihnen die Passionsblume, außerdem fördert sie zusätzlich auch das Durchschlafen. Auf diese Weise werden Sie in der Nacht seltener aufwachen und finden schneller wieder in Ihren Schlaf zurück.

Aufguss bei Schlaflosigkeit
Bereiten Sie zunächst einen Aufguss zu, wie unter „Verschiedene Formen der Anwendung von Heilpflanzen" angegeben. Trinken Sie abends vor dem Einschlafen bis zu 300 ml. Auch für Kinder ab 12 Jahren geeignet.

Tinktur als Sedativum bei gereizten Nerven
Bereiten Sie zunächst einen Aufguss zu, wie unter „Verschiedene Formen der Anwendung von Heilpflanzen" angegeben, und machen Sie daraus eine Tinktur. Nehmen Sie von dieser einmal täglich 1 Teelöffel in etwas Wasser ein. Kinder ab 12 Jahren dürfen die Tinktur ebenfalls nehmen.

Potenzielle Nebenwirkungen und Wechselwirkungen

Nebenwirkungen bei der Passionsblume können vereinzelt auftreten. Bitte denken Sie auch daran, dass die Art und Häufigkeit der Nebenwirkungen je nach Medikamentenform (Tablette oder Spritze) variieren können. Zu den jedoch sehr seltenen Nebenwirkungen gehören Nesselfieber und allergische Hautreaktionen, vor allem wenn eine Überempfindlichkeit gegen Passionsblumenkraut herrscht.

Bisher gibt es keine Hinweise auf Risiken während der Schwangerschaft oder Stillzeit. Der Wirkstoff sollte jedoch in Schwangerschaft und Stillzeit vorsichtig angewendet werden, da keine klinischen Studien dazu vorliegen.

Für die Anwendung des Wirkstoffs bei Kindern sind noch nicht genügend Studien durchgeführt worden. Aus diesem Grund sollte er auch nicht bei Kindern unter 12 Jahren verwendet werden.

Baldrian als natürliches Schlafmittel und zum Stressabbau

Wenn man um ein pflanzliches Schlafmittel oder Beruhigungsmittel bittet, wird der Baldrian normalerweise als Erstes empfohlen. Er zählt zu den beliebtesten heimischen Heilpflanzen aller Zeiten und ist das berühmteste Heilmittel für Entspannung, Gleichgewicht, Beruhigung und einen erholsamen Schlaf. Früher reichte die Wertschätzung dabei weit über die reine Beruhigung hinaus. Schon im 17. Jahrhundert wurde er als ein bedeutendes Nervenmittel betrachtet und auch verwendet, um Schlafstörungen und Ängste zu bekämpfen. Der Baldrian-Tee galt schon lange als DAS Heilmittel für die Nerven, insbesondere für die Damen der vergangenen Jahrhunderte, die stets ein Baldrian-Fläschchen als Beruhigungsmittel mit sich führten.

„Alle Arten nervöser Zustände, ob im Krampf oder im Schmerz, verlangen den Baldrian", sagte einst der Priester Sebastian Anton Kneipp (*1821; †1897).

Der botanische Name Valeriana officinalis verrät bereits, wie viel heilende Wirkung dieses Kraut hat. Das Wort Valeriana hat seinen Ursprung im lateinischen Wort valere. Es bedeutet sich stark und wohlfühlen. So ist es kein Wunder, dass Baldrian als natürliches Schlafmittel fungiert, denn schließlich sind starke Nerven und ein gesunder Schlaf für ein allgemeines Wohlbefinden unverzichtbare Bedingungen. Baldrian steht für Gesundheit, Stärke, Ruhe, Halt, Bodenständigkeit und Verankerung, weswegen die Wurzel sehr erdend wirkt und das „Verwurzeltsein" ein Wesensmoment des Baldrians ist. Besonders für Menschen, die nervlich belastet sind und eine Erdung benötigen, hat das Heilkraut eine starke Wirkung.

Welchen Wirkungsmechanismus Baldrian hat, zeigten bereits mehrere Studien der Arbeitsgruppe um J. Kuhlmann und W. Berger von der Gesellschaft für Interdisziplinäre medizinische Forschung mbH (IMF) in Köln. Diese haben ergeben, dass den Gesamteffekt die vielen Inhaltsstoffe ausmachen. Ein berühmter Wirkstoff ist zum Beispiel Valerensäure. Aber noch viele andere sind involviert. Gemeinsam wirken sich die verschiedenen Bestandteile auf die Übertragung von Informationen im Gehirn aus. Dies erfolgt auf eine Art und Weise, die mit chemisch-synthetischen Medikamenten vergleichbar ist. Die Rezeptoren des Neurotransmitters GABA an den Synapsen der Nervenzellen im Zentralnervensystem gehören zu den Angriffsorten.

Baldrian ist eine gute Einschlafhilfe, die auch einen erholsamen und gesunden Schlaf fördert, da es eine schlaffördernde Wirkung aufweist. Aus diesem Grund ist er in vielen entspannenden und schlaffördernden pflanzlichen Komplexmitteln ein kostbarer Bestandteil. In der Regel sind Baldrianzubereitungen in der üblichen therapeutischen Dosierung sehr gut zu vertragen und sorgen unter dies nicht für eine verstärkte Müdigkeit am folgenden Tag. Weiterhin wurden bei der Anwendung von Baldrianpräparaten bisher keine Abhängigkeit, Gewöhnung oder „Hangover"-Effekte (Katzenjammer) festgestellt, im Gegensatz zu vielen chemischen Schlafmitteln. Zu berücksichtigen ist natürlich, dass pflanzliche Beruhigungsmittel eine deutlich mildere Wirkung aufweisen als chemische.

Abkochung als natürliches Beruhigungsmittel
Bereiten Sie zunächst eine Abkochung zu, wie unter „Verschiedene Formen der Anwendung von Heilpflanzen" angegeben. Trinken Sie abends vor dem Einschlafen 25 bis 100 ml. Für Kinder ab 12 Jahren geeignet.

Pulver in Kapselform bei Schlaflosigkeit
Stellen Sie sich zunächst die Kapseln her, wie unter „Verschiedene Formen der Anwendung von Heilpflanzen" angegeben. Nehmen Sie 1 bis 2 500-mg-Kapseln ein. Für Kinder ab 12 Jahren geeignet.

Tinktur bei Angstzuständen
Bereiten Sie zunächst einen Aufguss zu, wie unter „Verschiedene Formen der Anwendung von Heilpflanzen" angegeben, und bereiten im Folgenden eine Tinktur zu. Von dieser können Sie bis zu fünfmal täglich 20 Tropfen in heißem Wasser einnehmen.

Potenzielle Nebenwirkungen und Wechselwirkungen

Bei korrekter Anwendung sind kaum unerwünschte Auswirkungen zu befürchten. Unter anderem können nur geringfügige Nebenwirkungen wie Übelkeit und Magenprobleme auftreten. Es gibt keine Anzeichen für Wechselwirkungen mit anderen Medikamenten. Es gibt jedoch unerwünschte Wirkungen wie Müdigkeit, Magen-Darm-Beschwerden, Brustenge, Händezittern und Schwindel, die bei einer Überdosierung von Baldrianwurzel auftreten können, welche jedoch bald wieder abklingen.

Aufgrund fehlender klinischer Studien bei Schwangeren und Stillenden wird es nicht empfohlen, hoch dosierte baldrianhaltige Arzneimittel anzuwenden.

Ginkgo biloba zur Verbesserung der geistigen Leistungsfähigkeit und Gedächtnisstärkung

Der altersbedingte kognitive Rückgang ist ein natürlicher Teil des Alterungsprozesses und kann durch viele Faktoren erklärt werden. Im Laufe der Zeit kommt es zu einem allmählichen Verlust von Nervenzellen im Gehirn, insbesondere in Bereichen, die für die kognitive Funktion wichtig sind. Dieser Prozess wird als Neurodegeneration bezeichnet und kann zu einer Verschlechterung des Gedächtnisses, der Aufmerksamkeit und des Denkens führen. Mit zunehmendem Alter kann auch die Durchblutung des Gehirns abnehmen, was zu weniger Sauerstoff und Nährstoffen führt. Dies beeinträchtigt die Gehirnfunktion und führt daraufhin zu einem kognitiven Verfall. Weiterhin verändern sich die Neutransmitter mit der Zeit. Wie Sie bereits erfahren haben, sind Neurotransmitter chemische Botenstoffe, die für die Kommunikation zwischen Nervenzellen im Gehirn verantwortlich sind. Bei älteren Menschen können sich die Spiegel bestimmter Neurotransmitter wie Dopamin, Serotonin und Acetylcholin verändern, was sich auf die kognitive Funktion auswirkt. Auch chronische Entzündungen im Körper können das Gehirn beeinflussen und zu einem kognitiven Verfall führen, da hier häufig das Risiko für entzündliche Erkrankungen steigt, die sich negativ auf das Gehirn auswirken. Es gibt auch genetische und umweltbedingte Faktoren, die zum altersbedingten kognitiven Rückgang beitragen.

Wünschen wir uns nicht alle, geistig fit bis ins hohe Alter zu sein? Ginkgo biloba kann helfen: Eine nachlassende Gedächtnis- und Konzentrationsleistung kann durch diese Heilpflanze bekämpft werden.

Der Ginkgoextrakt gehört zu den am meisten erforschten und am weitesten verbreiteten pflanzlichen Therapien zur Behandlung von Alzheimer.

Exkurs: Alzheimer

Leider ist noch nicht ganz schlüssig, wodurch Alzheimer und andere Formen von Demenz verursacht werden. Seit Jahrzehnten stand die Finanzierung der Genforschung im Fokus, da angenommen wurde, dass die Alzheimer-Krankheit durch einen Gendefekt verursacht wird, dieser jedoch nicht endgültig bewiesen werden konnte. Aufgrund des Glaubens an genetische Ursachen wurden andere Faktoren, die zur Entstehung der Krankheit beitragen können, bisher nicht vollständig untersucht.

Eine bahnbrechende Studie aus dem Jahr 2017 ergab, dass der mitochondriale Stoffwechsel mit zunehmendem Alter des Gehirns abnimmt, was die Ursache für viele neurologische Erkrankungen sein könnte, darunter Alzheimer und Parkinson.

Wenn Ihr Gehirn über genügend Energie verfügt, kann es in Bezug auf Gedächtnis, Konzentration, Aufmerksamkeit usw. effizient arbeiten. Sobald die Gehirnaktivität jedoch abnimmt, nimmt mit zunehmendem Alter auch die Fähigkeit zu denken, sich zu erinnern und das Artikulieren ab.

In den letzten Jahren wurde die Rolle von dem Botenstoff Stickstoffmonoxid (NO) bei der Entstehung und dem Fortschreiten von Demenzerkrankungen wie der Alzheimer-Krankheit bekannt. Obwohl NO in einige Regelkreise, wie zum Beispiel der Regulierung der glatten Muskulatur, eingreift, kann eine zu hohe NO-Ausschüttung aufgrund eines Angriffs von Mikroorganismen dafür sorgen, dass sich dieser Botenstoff im Gehirn von Menschen mit Alzheimer-Krankheit um Plaque, also die Ablagerungen im Gehirn, herum ansammelt. Es wird auch angenommen, dass Stickstoffmonoxid für den Zelltod im Gehirn bei der Alzheimer-Krankheit und anderen Formen der Demenz verantwortlich sein könnte.

In einer 2015 durchgeführten Metaanalyse chinesischer Wissenschaftler wurden neun Studien der **„International Psychogeriatric Association" IPA in Peking** mit insgesamt 2.561 Patienten analysiert. Der *EGb 761*, der standardisierte Blattextrakt, wurde hierfür verwendet. Dieser Extrakt verlangsamte den kognitiven Verfall bei Patienten mit leichter bis moderater Demenz in einer Dosierung von 240 mg pro Tag über 5 bis 6 Monate. Ginkgo verbesserte die Durchblutung des Gehirns, was zu einer Steigerung von Gedächtnis und Konzentration führte.

EGb 761

In seiner Firma in Karlsruhe analysierte Dr. Willmar Schwabe, ein Botaniker und Arzt, die Bestandteile der Ginkgo-Baumblätter. Ein Produkt, das die Wirkstoffe in konzentrierter Form enthielt, wurde 1965 von ihm entwickelt und als Spezialextrakt *EGb-761* genannt. Dieser Auszug ist seit seiner Entstehung Gegenstand vieler Untersuchungen. Diese spezielle Ginkgoblätterzubereitung wurde in zahlreichen klinischen Studien verwendet, weshalb die gewonnenen Erkenntnisse ausschließlich in Verbindung mit diesem Auszug zu betrachten sind.

Ginkgo biloba hat eine gesundheitsfördernde Wirkung aufgrund der Bestandteile seiner Blätter, Samen und Wurzeln. Kaempferol und Quercetin, die zwei Flavonoide, haben eine antioxidative Wirkung. Ihre Fähigkeit besteht darin, freie Radikale zu beseitigen und so die Entstehung vieler Krankheiten zu bekämpfen. Denn oxidativer Stress kann über einen längeren Zeitraum hinweg Demenz, Herz-Kreislauf-Erkrankungen und Entzündungen verursachen. Ginkgo-Blattextrakte können weiterhin bei Wechseljahresbeschwerden eingesetzt werden, die auf einen Östrogenmangel zurückzuführen sind, da die beiden Stoffe auch als Phytoöstrogene gelten und somit östrogenähnlich wirken. Der Wirkstoff Bilobalid und die Ginkgolide A, B und C fördern alle die Durchblutung. Aufgrund ihrer antioxidativen Wirkung erhöhen sie bei Blutzellen die Flexibilität der Membran. Daraus resultiert eine Verbesserung der Fließeigenschaften des Blutes und der Durchblutung, insbesondere im Kapillarbereich. Dabei steigt die Sauerstoffversorgung.

Bitte beachten Sie, dass Ginkgo seine Wirkung erst nach einigen Wochen, selten auch Monaten entfaltet. Hier ist also etwas Geduld gefragt.

Abkochung zur Verbesserung der Leistung und des Gedächtnisses
Bereiten Sie zunächst eine Abkochung aus den getrockneten Blättern zu, wie unter „Verschiedene Formen der Anwendung von Heilpflanzen" angegeben. Trinken Sie 150 ml am Tag.

Extrakt bei Bluthochdruck und Arteriosklerose
Bereiten Sie zunächst ein Extrakt zu, wie unter „Verschiedene Formen der Anwendung von Heilpflanzen" angegeben. Nehmen Sie von diesem ½ Teelöffel täglich mit Wasser für etwa 2 bis 3 Monate ein.

Tinktur bei schwachem Kreislauf
Bereiten Sie zunächst eine Abkochung aus den Blättern zu, wie unter „Verschiedene Formen der Anwendung von Heilpflanzen" angegeben, und stellen Sie daraus anschließend eine Tinktur her. Nehmen Sie davon dreimal täglich 1 Teelöffel mit etwas Wasser ein. Für Kinder ab 12 Jahren geeignet.

Potenzielle Nebenwirkungen und Wechselwirkungen

Ginkgo-Produkte können Magen-Darm-Probleme wie Durchfall, Erbrechen und Übelkeit verursachen. Weiterhin kann es zu Kopfschmerzen und allergischen Reaktionen kommen.

Aufgrund der blutverdünnenden Wirkung des Ginkgos sollte man besonders vorsichtig sein – besonders schwangere Frauen sowie Menschen mit Blutgerinnungsstörungen. Personen, die blutverdünnende Medikamente einnehmen, sollten derlei Produkte nur in Absprache mit einem Arzt anwenden.

Darüber hinaus sind die Interaktionen mit anderen Arzneimitteln nicht vollständig bekannt. Daher sollten Personen, die regelmäßig Medikamente nehmen müssen, sich besser fachärztlich beraten lassen.

Wichtiger Hinweis: Alle genannten Dosierungen stellen lediglich Empfehlungen dar, für die keine Haftung übernommen wird. Sollten Sie diesbezüglich unsicher sein, konsultieren Sie einen Arzt oder einen qualifizierten Phytotherapeuten.

Heilpflanzen für die Haut

Als unser größtes Sinnesorgan mit einer Fläche von bis zu 2 Quadratmetern dient unsere Haut als ein Schutzschild nach außen. Eine schöne Haut wird von vielen Menschen als Schönheitsideal betrachtet und ist demnach wünschenswert. Aber die heutige Gesellschaft hat oft negative Auswirkungen auf unsere Hautgesundheit. Eine ungesunde Ernährung, schlechte und trockene Luft und besonders Stress sind nur einige der Ursachen. Besonders Letztes ist ein großer Faktor.

Unsere Haut spiegelt unsere Seele wider! Wenn wir Stress haben, können wir diesen oftmals vor unserer Außenwelt verstecken, doch unsere Haut zeigt, wie es wirklich um uns steht. Sie ist unser bester Seismograf für Einflüsse von innen und außen. Psychische Belastungen, wie Stress, Ärger oder Angst, haben direkte Auswirkungen auf die Haut, da die meisten Hautzellen besonders empfindlich auf Stresshormone reagieren. Das liegt daran, dass Haut und Zentralnervensystem aus demselben Zellgewebe stammen, weswegen hormonelle Veränderungen direkt auf die Haut wirken.

Die wichtigsten Heilpflanzen für die Haut

Obwohl die immer größer werdenden Ansprüche des täglichen Lebens zu Stress und Unruhe und damit zu einem schlechteren Hautbild führen können, sind Sie dagegen nicht machtlos. Es gibt viele Heilpflanzen, die eine sanfte Linderung versprechen und auch bei der Vorbeugung von Hauterkrankungen eingesetzt werden.

Hinweis: Beachten Sie jedoch, dass Sie auch den Auslöser für Ihr Hautbild finden. Stehen Sie beispielsweise permanent unter Strom, kann sich Ihre Haut dadurch überfordert fühlen und verschafft sich buchstäblich Luft. Diesem sollten Sie parallel entgegenwirken, denn dadurch behandeln Sie sich ganzheitlich und ziehen dem Ursprung die Wurzeln raus.

Aloe vera

Inhaltsstoffe:

- Aloeresin B
- Anthrachinone
- Gerbstoffe
- Harze
- Polysaccharide

Wirkung:

- Abführend
- Lindernd
- Regt die Gallensekretion an
- Wundheilend

Anwendung:

- Nässende Haut
- Schwangerschaftsstreifen
- Sonnenbrand und Verbrennungen
- Warzen
- Wunden

Ringelblume

Inhaltsstoffe:

- Ätherisches Öl
- Carotinoide
- Flavonoide
- Glykosidische Bitterstoffe
- Harze
- Phytosterole
- Schleimstoffe
- Triterpene

Wirkung:

- Adstringierend
- Entzündungshemmend
- Lindert Muskelkrämpfe

Anwendung:

- Akne und Furunkel
- Bisse und Stiche
- Empfindliche Brust und entzündete Brustwarzen
- Fußpilz
- Hautausschläge
- Infektionen des Verdauungstrakts
- Krampfadern
- Nesselausschlag
- Windelausschlag
- Wunden und Blutergüsse

Teebaumöl

Inhaltsstoffe:

- Ätherisches Öl

Wirkung:

- Antibakteriell
- Antimykotisch
- Antiseptisch
- Antiviral
- Stärkt das Immunsystem

Anwendung:

- Akne und Furunkel
- Fußpilz
- Stiche
- Verbrennungen

Lavendel

Inhaltsstoffe:

- Ätherisches Öl
- Flavonoide
- Gerbstoffe

Wirkung:

- Angstlösend
- Antidepressiv
- Antimikrobiell
- Lindert Muskelkrämpfe
- Neuroprotektiv

Anwendung:

- Bisse und Stiche
- Brandwunden und Sonnenbrand
- Kopfschmerzen
- Neuralgien
- Ohrenschmerzen
- Rückenschmerzen
- Schlaflosigkeit
- Schmerzende Gelenke

Aloe vera zur Linderung von Hautirritationen und Verbrennungen

Feuchtigkeitspflege für die Haut von Natur aus! Aloe vera wurde schon im alten Ägypten als Zeichen von Wohlbefinden und Schönheit angesehen. Eine außergewöhnliche Zusammensetzung von mehr als 200 Inhaltsstoffen unterstützt die Kollagen- und Zellerneuerung der Haut. Aloe vera wird auch bei sensibler Haut als ausgezeichnetes, weiches Hautpflegemittel angesehen. Es steuert die Feuchtigkeit der Haut, strafft sie, schützt vor Dehydrierung, hat eine glättende Wirkung und sorgt für Spannkraft. Warum die Aloe vera eine kleine Wunderwaffe ist, zeigen die folgenden Inhaltsstoffe.

Aminosäuren

Da der menschliche Körper diese nicht selbst produzieren kann, enthält das Aloe-vera-Gel oder auch ein hochwertiger Saft sieben der acht essenziellen Aminosäuren, die über die Nahrung aufgenommen werden müssen. Beispielsweise unterstützt *Isoleucin* den Aufbau von Muskeln und fördert das Immunsystem. *Leucin* trägt zur Heilung verschiedener Prozesse bei. *Valin* stärkt die Nerven, was es ermöglicht, Stress besser zu handhaben, und *Lysin* stimuliert die Entstehung von Kollagen, was der Haut Elastizität und eine Verlangsamung des Alterungsprozesses verschafft.

Enzyme

Es wurden zahlreiche Enzyme in der Aloe vera entdeckt, darunter:

- Amylase
- Phosphatase
- Catalase
- Cellulase
- Lipase

Diese Enzyme tragen dazu bei, dass Fette, Eiweiße und Zucker aus der Nahrung optimal verdaut und recycelt werden können. Sie sind auch antioxidativ, da sie die freien Radikale im Körper neutralisieren.

Mono- und Polysaccharide

Die Aloe vera beinhaltet sowohl Mono- als auch Polysaccharide, die

- entzündungshemmend,
- antibakteriell,
- antiviral,
- antimykotisch,
- immunstimulierend und
- verdauungsfördernd sind.

Als Hauptwirkstoff der Aloe gilt heute das sogenannte Acemannan. Dies ist ein Zuckermolekül, das der Körper bis zur Pubertät herstellt, aber dann über die Nahrung aufgenommen werden muss. Die weißen Blutkörperchen und das Immunsystem werden durch Acemannan gestärkt. Es reinigt und entsäuert den Darm und ermöglicht eine höhere Vitalstoffaufnahme und eine Abstoßung der gefährlichen Hefepilze. Darüber hinaus fungiert Acemannan als Aufbaustoff in den Gelenken, Knorpeln, Sehnen und Bändern, wodurch die Aloe vera die Entstehung von Verschleißerkrankungen wie Arthrose und Arthritis verhindert und auch bei deren Behandlung unterstützend wirken kann.

Sekundäre Pflanzenstoffe

Der Geschmack, der Geruch und die Farbe werden durch sekundäre Pflanzenstoffe beeinflusst. Auch wenn sie nur in kleinen Mengen vorkommen, sind sie in der Regel von großer Bedeutung.

Ätherische Öle, Saponine, Tannine und Salicylsäure, die entzündungshemmend und antibakteriell wirken, sowie Sterole, die natürlich den Cholesterinspiegel senken können, sind einige der Inhaltsstoffe des Aloe-vera-Gels. Anthraglykoside (an Zucker gebundene Anthrachinone) sind dagegen in Aloe-vera-Saft enthalten und wirken abführend.

Im Falle einer Verbrennung ist die Aloe in der Hausapotheke unentbehrlich, da sie angenehm kühlt, desinfiziert, ausreichend Feuchtigkeit spendet und die Heilung von Verbrennungswunden beschleunigt. Sie fördert außerdem die Sauerstoffversorgung und damit die Blutversorgung. Hautflächen, die mit Aloe behandelt werden, können sich viel schneller regenerieren, dabei gilt: Je schneller die sonnenverbrannte oder verbrühte Haut behandelt wird, desto verlässlicher ist ihre Wirkung.

Aloe-vera-Gel als Allrounder bei Verbrennungen und Hautirritationen
Möchten Sie ein Gel aus Ihrer eigenen Pflanze herstellen, sollte diese etwa 3 Jahre alt sein und mindestens 12 Blätter besitzen. Um den gelben Saft herauslaufen zu lassen, schneiden Sie eines der Außenblätter direkt am Ansatz ab und legen es etwa 1,5 Stunden lang senkrecht in einen Behälter. Danach schneiden Sie das Blatt der Länge nach mit einem scharfen Messer auf und filetieren dieses.

Das Blattgel sollten Sie zusammen mit dem bereits aufgefangenen Saft in ein Glasgefäß geben und im Kühlschrank aufbewahren. Dieses Gel können Sie zweimal täglich auf die betroffenen Stellen auftragen.

Beachten Sie, dass das Gel nur für ein paar Tage im Kühlschrank haltbar ist. Verwenden Sie es daher möglichst frisch.

Potenzielle Nebenwirkungen und Wechselwirkungen

Aloe vera wird gut vertragen und hat nur wenige Nebenwirkungen. Wird Aloe vera innerlich angewendet, kann das Aloin die Darmschleimhaut reizen, weswegen die Einnahme nicht länger als 1 bis 2 Wochen empfohlen wird.

Ringelblume zur Förderung der Wundheilung und Hautregeneration

Die Ringelblume ist eine der bedeutendsten und meistverbreiteten Heilpflanzen. Hildegard von Bingen erwähnte sie oft als *Ringella*. Die Wundheilung ist schon immer das wichtigste Anwendungsgebiet der Ringelblume gewesen. Die Ringelblume wird als „milde" Form der Arnika betrachtet. Aufgrund ihrer vielen Wirkungen ist sie in zahlreichen Heilsalben enthalten und findet u. a. bei Brustentzündungen, Narben und Lymphknotenentzündungen ihre Anwendung.

Die Ringelblume hat ihren heilenden Effekt dank der sekundären Pflanzenstoffe. Die Flavonoide sollten hier besonders betont werden. Sie fördern das Immunsystem und haben eine antibiotische und antioxidative Wirkung. Darüber hinaus tragen Carotinoide zur Abwehr freier Radikale bei, während die Saponine entzündungshemmend wirken.

Es ist außerdem möglich, die enthaltene Calendulasäure aus den Samen der Ringelblume zu extrahieren. Diese mehrfach ungesättigte Fettsäure hilft bei Entzündungen und unterstützt die Heilung von Wunden. Die feuchtigkeitsspendende Fettsäure verleiht der Haut eine schöne, geschmeidige und zarte Erscheinung.

Die Ringelblume eignet sich aufgrund ihrer geringen Menge an ätherischen Ölen besonders gut für empfindliche Haut.

Aufgussöl für entzündete und trockene Hautstellen
Bereiten Sie zunächst das Aufgussöl zu, wie unter „Verschiedene Formen der Anwendung von Heilpflanzen" angegeben. Reiben Sie dann das Öl zwei- bis dreimal täglich ein.

Creme bei Schnittwunden und Abschürfungen
Bereiten Sie zunächst die Creme zu, wie unter „Verschiedene Formen der Anwendung von Heilpflanzen" angegeben, und tragen Sie diese zweimal täglich auf die betroffenen Stellen auf.

Tinktur bei Ekzemen
Bereiten Sie zunächst eine Abkochung zu, wie unter „Verschiedene Formen der Anwendung von Heilpflanzen" angegeben, und stellen daraus eine Tinktur her. Trinken Sie dreimal täglich 30 Tropfen mit etwas Wasser. Sämtliche Calendula-Produkte sind auch für Kinder ab 6 Jahren geeignet.

Potenzielle Nebenwirkungen und Wechselwirkungen

Aufgrund mangelnder Erkenntnisse sollte die Ringelblume während der Schwangerschaft und Stillzeit nicht verwendet werden. Außerdem ist Vorsicht bei einer Allergie gegen Korbblütler geboten.

Teebaumöl bei Hautinfektionen und Akne

Mit seinem markanten Duft und den starken antiseptischen Eigenschaften ist Teebaumöl ein natürlicher Favorit vieler Menschen mit unterschiedlichen Hautproblemen und aufgrund seiner natürlichen antibakteriellen und entzündungshemmenden Eigenschaften definitiv die beste Wahl. Diese Merkmale tragen dazu bei, Bakterien, die zu Akne führen, zu bekämpfen und Entzündungen zu verringern. Außerdem unterstützt Teebaumöl die Kontrolle des überschüssigen Talgs, was einen weiteren Faktor darstellt, der Akne hervorruft. Darüber hinaus kann es helfen, verstopfte Poren zu befreien und abgestorbene Hautzellen zu entfernen, um Akne zu vermeiden. Die Gründe hierfür sind die enthaltenen Wirkstoffe Terpinen-4-ol und α-Terpinen. Es geht um chemische Substanzen, die in zahlreichen ätherischen Ölen enthalten sind. Teebaumöl ist ein natürliches Antibiotikum, das wirksam Bakterien aus der Haut beseitigt, Pickel austrocknet, Entzündungen hemmt und die Hautregeneration unterstützt. Die desinfizierende Wirkung sorgt dafür, dass fettige und unreine Haut ausgeglichen wird und somit eine Neubildung von Unreinheiten verhindert.

Hautprobleme sind weitverbreitet und können Personen jeden Alters betreffen. Es kommt vor, dass Haarfollikel verstopfen, was zu Infektionen und Entzündungen führt. Eine Überproduktion von Talg, abgestorbene Hautzellen, Bakterien und hormonelle Veränderungen sind die häufigsten Ursachen für Pickel und Akne.

Die Talgdrüsen der Haut erzeugen Öle zum Schutz der Haut und zur Feuchtigkeitszufuhr. Wird jedoch zu viel Talg produziert, besteht die Möglichkeit, dass die Poren verstopfen und sich durch Bakterien wie Propionibacterium Acnes entzünden. Die Poren können durch abgestorbene Hautzellen ebenfalls verstopft werden, was zu Mitessern führt.

Weiterhin ist Teebaumöl auch bei Haarausfall eine praktische Hilfe. Mit seinen bekannten antibakteriellen Eigenschaften hilft es, verstopfte Haarfollikel zu lösen. Wissenschaftler haben herausgefunden, dass Teebaumöl beispielsweise Medikamente bei erblich bedingtem Haarausfall unterstützen.

Wichtig: Teebaumöl in seiner reinen Form verursacht oftmals Hautreizungen, da es in seiner Wirkung sehr stark ist. Verdünnen Sie es daher vor dem Auftragen auf die Haut mit einem Trägeröl wie Jojobaöl oder Mandelöl. Bevor Sie Teebaumöl verwenden, testen Sie es auch auf Ihrem Unterarm, um sicherzustellen, dass keine allergische Reaktion beziehungsweise Überempfindlichkeit vorliegt. Das Öl sollte weiterhin auf keinen Fall an sensible Schleimhäute wie die Nase, den Mund oder den Intimbereich gelangen. Vermeiden Sie auch unbedingt eine innerliche Einnahme.

Teebaumöl als reinigende Gesichtsmaske
Verrühren Sie in einer kleinen Schüssel 3 Tropfen Teebaumöl mit 1 Esslöffel Heilerde und verstreichen Sie die Maske sanft auf Ihrem gereinigten Gesicht. Lassen Sie sie 15 Minuten einwirken und waschen die Maske anschließend mit warmem Wasser ab. Tragen Sie als wohltuenden Abschluss eine Feuchtigkeitscreme auf.

Teebaumöl als porenöffnendes Dampfbad
Reinigen Sie zunächst Ihr Gesicht mit einer Lotion. Erhitzen Sie nun etwa 1 Liter Wasser im Wasserkocher oder Kochtopf, geben es in eine Schüssel und träufeln das Teebaumöl hinzu. Beugen Sie sich über die Schüssel und bedecken Sie Ihren Kopf mit einem Handtuch, sodass das Öl eingefangen ist. Lassen Sie den Dampf für 10 Minuten Ihre Poren öffnen und Unreinheiten lösen. Waschen Sie Ihr Gesicht anschließend mit warmem Wasser ab und tragen eine Feuchtigkeitscreme auf.

Teebaumöl für volles und kräftiges Haar
Vermischen Sie 10 Tropfen Teebaumöl mit Ihrem Lieblingsshampoo oder Ihrer Lieblingsspülung und reiben damit Ihr Haar ein. Alternativ können Sie das Öl auch mit 1 Esslöffel Kokosöl vermischen und als Haarmaske 15 Minuten einwirken lassen.

Potenzielle Nebenwirkungen und Wechselwirkungen

Viele Patienten legen großen Wert darauf, dass Teebaumöl einen vollständig natürlichen Ursprung hat. Dies bedeutet aber nicht, dass dieser Wirkstoff besonders mild ist. Im Gegensatz dazu ist das hoch konzentrierte Öl nicht speziell für Pickel konzipiert, weswegen es auch allergische Reaktionen und Reizungen auslösen kann. Wenn Sie eine empfindlichere Haut haben, sollten Sie Teebaumöl nicht gegen Pickel und Mitesser verwenden.

Tipp: Tragen Sie als Alternative etwas Honig auf Ihre Unreinheiten auf, denn dieser ist sanft und doch stark entzündungshemmend.

Lavendel als entzündungshemmendes und beruhigendes Mittel für die Hautpflege

Es wird angenommen, dass Lavendel eine seelische Reinigungswirkung hat, die für Ruhe und Nervenstärke sorgt. Besonders das ätherische Öl verfügt über eine konzentrierte Heilkraft. Es wurden bereits mehr als 200 Inhaltsstoffe nachgewiesen, die eine gesundheitsfördernde Wirkung besitzen. Lavendel enthält beispielsweise einen hohen Linalylacetatgehalt, der auch für den charakteristischen Lavendelduft sorgt und für die beruhigende und angstlösende Wirkung von Lavendel verantwortlich ist. Der Lavendel verdankt dem zweiten Hauptwirkstoff Linalool hauptsächlich seine antimikrobielle, entzündungshemmende und antiseptische Wirkung. Dieser Terpenalkohol wirkt effektiv gegen schädliche Bakterien. Studien haben gezeigt, dass er eine beeindruckende Hemmung von Bakterien und Pilzen bewirkt. Außerdem wird er als Entzündungshemmer betrachtet und wirkt zugleich stimulierend und fördernd für die Durchblutung. Beide Hauptbestandteile entfalten ihre Wirksamkeit schon bei der Aufnahme über die Atemwege. Durch die Schleimhäute gelangen sie rasch in Blut- und Nervenbahnen hinein.

Für das Nervensystem bedeutet es, dass Linalylacetat und Linalool im Gehirn an Calciumkanäle andocken. Dort verhindern sie, dass die Stresshormone Noradrenalin und Adrenalin freigesetzt werden können. Untersuchungen haben ergeben, dass diese Kanäle bei äußerst ängstlichen und nervösen Personen zu offen sind, wodurch Reize ungefiltert durchdringen. Die Wirkstoffe in Lavendelöl wirken als eine Art Barriere, die den Weg für stressauslösende Botenstoffe blockiert. Die positive Wirkung besteht darin, dass die Reizüberflutung verringert wird, das zentrale Nervensystem entspannt wird, übermäßige Gefühlsregungen besänftigt werden und das Einschlafen leichter fällt.

Aufguss zur Entspannung
Wie Sie bereits erfahren haben, ist innere Unruhe und Stress oft eine häufige Ursache für eine gereizte Haut. Daher ist ein beruhigender Tee als innerliche Anwendung sehr zu empfehlen. Bereiten Sie also einen Aufguss zu, wie unter „Verschiedene Formen der Anwendung von Heilpflanzen" angegeben. Trinken Sie zweimal täglich 75 ml.

Lavendelbad als Hautpflegeerlebnis
Geben Sie etwa 2 Esslöffel Mandelöl gemeinsam mit 20 bis 25 Tropfen Lavendelöl in das einlaufende Badewasser. Wenn Sie möchten, können Sie zusätzlich noch eine Handvoll Lavendelblüten mit hineingeben – für eine schöne Farbe und zusätzlichen Duft. Baden Sie etwa 20 Minuten darin. Wickeln Sie sich anschließend in einen Bademantel ein und kuscheln Sie sich noch für etwa 30 Minuten auf die Couch, um der wohltuenden Wirkung nachzuspüren.

Potenzielle Nebenwirkungen und Wechselwirkungen

Lavendel kann bei empfindlichen Personen Kopfschmerzen hervorrufen und die innerliche Anwendung des Lavendelöls zu einem vorübergehenden Aufstoßen, Übelkeit und Verstopfung führen. Wird Lavendelöl direkt auf die Haut aufgetragen, können allergische Reaktionen auftreten.

Heilpflanzen für das Herz-Kreislauf-System

Die Hauptversorgungseinheit des Körpers ist das Herz-Kreislauf-System. Es setzt sich aus Herzmuskeln und dem Blutgefäßgeflecht zusammen, das den ganzen Körper durchzieht. Regelmäßige Kontraktionen ermöglichen es dem Herzen, Blut in die Gefäße zu pumpen, damit es in sämtliche Körperregionen fließen kann. Der rote Körpersaft leitet Nährstoffe und Sauerstoff in die Zellen und führt Abfallprodukte in die Ausscheidungsorgane, wie die Nieren und die Lunge.

Blutdruck ist der gemessene Druck, der auf die Gefäßwände entsteht. Idealerweise liegt sein Wert bei Erwachsenen bei 120/80 mmHg (Millimeter Quecksilbersäule). Der erste Wert (120) stellt den Gefäßdruck dar, der beim Zusammenziehen des Herzens auftritt (systolischer Blutdruck). Wenn sich der Herzmuskel vor der nächsten Kontraktion ausdehnt, um sich neu mit Blut zu füllen, kommt es zum zweiten Wert (diastolischer Blutdruck).

Ein funktionierendes Herz-Kreislauf-System ist für den Körper unverzichtbar, da es die Sauerstoffversorgung aller Zellen und Nährstoffe sicherstellt. Deshalb stellen Herz-Kreislauf-Probleme wie Bluthochdruck oder Herzschwäche eine bedeutende Bedrohung für die Gesundheit dar. Heilpflanzen können die Beschwerden bei unkomplizierteren Problemen allein lindern. In schwerwiegenderen Situationen kann die Pflanzenheilkunde zumindest eine Unterstützung der schulischen Behandlung darstellen.

Die wichtigsten Heilpflanzen für das Herz-Kreislauf-System

Viele Leute neigen spontan dazu, *Weißdorn* als Heilpflanze für das Herz-Kreislauf-System zu betrachten. Die Heilpflanze wird in der Tat als allgemeines Herzmittel angesehen, das der Kreislaufpumpe bei einer Vielzahl von Problemen behilflich sein kann.

Knoblauch, Mistel und Olivenblattextrakt gehören jedoch zu den weiteren Heilpflanzen, die durch ihre Inhaltsstoffe eine positive Wirkung auf das Herz- und Gefäßsystem haben können.

Weißdorn zur Stärkung des Herzens und Unterstützung der Durchblutung

Inhaltsstoffe:

- Amine
- Cumarine
- Flavonoide
- Polyphenole
- Proanthocyane
- Triterpenoide

Wirkung:

- Antioxidans
- Blutdrucksenkend
- Herztonikum
- Kreislaufstärkend
-

Anwendung:

- Altersherz
- Herzinsuffizienz
- Nervös bedingte Herzbeschwerden wie starkes Herzklopfen

Die Weißdornbeere ist leicht zu übersehen, doch die Beeren zeigen ihre wahre Kraft, wenn sie im Spätsommer reifen. Weißdorn stellt eine wirkliche Quelle der Kraft für das Herz dar. Unser wichtigstes Organ wird von den kleinen, roten Beeren, die frisch oder als Extrakt verwendet werden können, eindrucksvoll beeinflusst. Die vielfältigen Inhaltsstoffe, wie Flavonoide und Procyanidine, fördern die Durchblutung, stärken das Herz und können auch bei Stress und Unruhe nützlich sein. Flavonoide sind bekannt für ihre antioxidativen Eigenschaften, bei denen sie freie Radikale neutralisieren. Diese dienen dem Schutz der Zellen vor oxidativem Stress. So wird Weißdorn von modernen Naturheilkundlern genauso wie in der Volksmedizin als pflanzliches Mittel gegen Herzschwäche angesehen.

Procyanidine und Flavonoide fördern die Herstellung von Stickstoffmonoxid, einem gefäßerweiternden Botenstoff, und behindern dessen Abbau. Dies führt zu einer Zunahme der Schlagkraft und des Schlagvolumens im Herzen sowie zu einer Verbesserung der Durchblutung der Herzkranzgefäße und des Herzmuskels. Stickstoffmonoxid entsteht im Endothel (Gefäßinnenhaut), das die inneren Wände der elastischen Blutgefäße entkleidet. Dadurch werden die Gefäße erweitert und die Durchblutung gefördert. Doch die Gefäßwand versteift sich mit zunehmendem Alter und das Endothel verliert an Kraft. Dies führt dazu, dass weniger Stickstoffmonoxid erzeugt wird. Die Gefäße können sich entspannen, weil der Weißdorn die Stickstoffmonoxidproduktion anregt. Da Weißdorn die Herz-Erregungsleitung und die Durchblutung der Herzkranzgefäße unterstützt, profitiert auch die Sauerstoffversorgung unseres „Motors“, was zu einer Steigerung der Herzkraft führen kann.

Tinktur zur Herzstärkung
Bereiten Sie zunächst eine Abkochung zu, wie unter „Verschiedene Formen der Anwendung von Heilpflanzen“ angegeben, und stellen daraus eine Tinktur her. Trinken Sie dreimal täglich 15 Tropfen mit etwas Wasser.

Aufguss bei Bluthochdruck
Bereiten Sie zunächst einen Aufguss zu, wie unter „Verschiedene Formen der Anwendung von Heilpflanzen“ angegeben. Trinken Sie zweimal täglich 150 ml.

Potenzielle Nebenwirkungen und Wechselwirkungen

Bei Überdosierung und Daueranwendung sind weder Nebenwirkungen noch unerwünschte Wechselwirkungen mit anderen Arzneimitteln bekannt.

Achtung: Kinder unter 12 Jahren, Schwangere und stillende Mütter sollten Weißdornpräparate nur nach ärztlichem Rat einnehmen.

Knoblauch zur Senkung des Cholesterinspiegels und zur Blutdruckregulierung

Inhaltsstoffe:

- Ätherisches Öl
- Selen
- Alliin
- Vitamin A, B, C und E

Wirkung:

- Antiseptisch
- Blutdrucksenkend
- Schleimlösend
- Schweißtreibend
- Senkt den Blutzuckerspiegel
- Verlangsamt die Blutgerinnung
- Wurmmittel

Anwendung:

- Akne und Furunkel
- Alterstonikum
- Bluthochdruck
- Erkältungen und Grippe
- Fußpilz
- Harnwegsinfektionen
- Husten und Bronchitis
- Magen-Darm-Infektionen
- Lippenherpes
- Mandelentzündung
- Ohrenschmerzen
- Pilzinfektionen

Knoblauch ist eine Wunderknolle und bekannt für seine positiven Wirkungen auf das Herz-Kreislauf-System. Er verhindert nicht nur Arterienverkalkung, sondern reduziert Erkältungsbeschwerden, senkt den Cholesterinspiegel sowie den Blutdruck.

Bluthochdruck (arterielle Hypertonie) hat in der Regel nur unspezifische Anzeichen. Ein Großteil der Todesfälle ist auf Folgeschäden wie die koronare Herzkrankheit, die durch Herzinfarkte verursacht wird, Nierenversagen und Schlaganfall zurückzuführen. Arteriosklerose (Arterienverkalkung) ist eine Folge von hohem Blutdruck. Eine signifikant erhöhte Gefahr, im Laufe des Lebens einer Herz-Kreislauf-Erkrankung zu erliegen, besteht, wenn zum Bluthochdruck noch starkes Übergewicht sowie andere Risikofaktoren wie erhöhte Cholesterinwerte hinzukommen.

Eine Senkung des diastolischen Blutdrucks um 5 mmHg reduziert laut wissenschaftlichen Studien das Risiko einer koronaren Herzerkrankung um 16 %. Laut dem Journal of Hypertension können Knoblauchpräparate, die nur 0,6 % Allicin enthalten, den diastolischen Blutdruck um 6 % und den systolischen Blutdruck um 10 % senken. Das würde die Wahrscheinlichkeit von Schlaganfällen und koronaren Herzerkrankungen um 20 bis 25 % reduzieren.

Der Wirkstoff Alliin ist eine Aminosäure, die schwefelhaltig ist und eine der sekundären Pflanzenstoffe darstellt. Wenn Alliin mit Luft in Berührung kommt – also beispielsweise beim Zerkleinern von frischem Knoblauch –, wird es schnell in Allicin umgewandelt. Allicin gibt dem zerdrückten Knoblauch den charakteristischen Duft. Außerdem ist Allicin eine äußerst schnelllebige Substanz, die sich rasch in andere Schwefelerzeugnisse umwandelt.

Laborexperimentelle Studien haben gezeigt, dass Knoblauch blutgerinnungshemmende, entzündungshemmende, antibiotische und antivirale Wirkungen hat. Diese sind auf das Alliin und dessen Abbauprodukte zurückzuführen. Darüber hinaus wird davon ausgegangen, dass Allicin bestimmte am Fettstoffwechsel beteiligte Funktionseiweiße hemmt. Laborexperimente haben darauf hingewiesen, dass die Konzentration des „schlechten" LDL-Cholesterinwertes gesenkt wird.

Definition: LDL und HDL
Cholesterin ist eine fettähnliche Substanz, die in allen Zellen des Körpers vorkommt und für viele verschiedene wichtige Funktionen benötigt wird, beispielsweise für die Produktion von Hormonen, Vitamin D und Gallensäuren.

LDL-Cholesterin steht für „Low-Density Lipoprotein-Cholesterin“ und ist eine im Körper vorkommende Cholesterinart. LDL-Cholesterin ist auch bekannt als das „schlechte“ Cholesterin. Dies kann zu einem erhöhten Risiko für Herzerkrankungen führen. Wenn zu viel LDL-Cholesterin im Blut vorhanden ist, kann es sich an den Arterienwänden ablagern und Plaque bilden, was zu einer Verengung der Arterien führt. Dieser Prozess wird Atherosklerose genannt und erhöht das Risiko für einen Herzinfarkt, Schlaganfall und andere Herz-Kreislauf-Erkrankungen. Änderungen des Lebensstils wie eine gesunde Ernährung, regelmäßige körperliche Aktivität, Raucherentwöhnung und Gewichtskontrolle können dabei helfen, den LDL-Cholesterinspiegel zu senken.

HDL-Cholesterin steht für „High-Density Lipoprotein-Cholesterin" und wird im Gegensatz zum LDL-Cholesterin oft als „gutes" Cholesterin bezeichnet. Hohe HDL-Cholesterinwerte gelten allgemein als vorteilhaft, da sie mit einem verringerten Risiko für Herz-Kreislauf-Erkrankungen verbunden sind. HDL-Cholesterin besitzt entzündungshemmende und antioxidative Eigenschaften, und hilft, die Plaquebildung in den Arterien zu reduzieren. Um den HDL-Cholesterinspiegel zu erhöhen, empfehlen sich regelmäßige körperliche Aktivitäten, gesunde Ernährung mit vielen Ballaststoffen und gesunden Fetten sowie der Verzicht von Alkohol und Tabakwaren.

Weiterhin hat Knoblauch eine positive Wirkung gegen Arteriosklerose, da die Fließeigenschaften des Blutes verbessert werden. Knoblauch soll diesen Effekt erzielen, indem er die Blutplättchenzusammenlagerung auf unerklärliche Weise reduziert.

Gehackte Zehen zur Senkung des Cholesterinspiegels
Verwenden Sie regelmäßig – und wenn das Gericht es zulässt – 2 gehackte Knoblauchzehen. Damit senken Sie Ihren Cholesterinspiegel und stärken gleichzeitig das Immunsystem.

Gut zu wissen: Da sich beim Zerdrücken einer frischen Knoblauchzehe das Enzym Alliinase Alliin in das antiseptische Allicin aufspaltet, warten Sie danach etwa 10 Minuten, bevor Sie den Knoblauch verwenden.

Tinktur zur Blutdruckregulierung
Bereiten Sie zunächst eine Abkochung zu, wie unter „Verschiedene Formen der Anwendung von Heilpflanzen" angegeben, und stellen daraus eine Tinktur her. Trinken Sie einmal täglich 20 Tropfen mit etwas Wasser. Diese Tinktur ist für Jugendliche ab 16 Jahren geeignet.

Potenzielle Nebenwirkungen und Wechselwirkungen

Wahrscheinlich sind die Ausdünstungen über die Atemluft und Haut am bekanntesten. Diese lassen sich auch nicht vermeiden, da die Schwefelverbindungen auf diese Weise wieder ausgeschieden werden.

Magen-Darm-Symptome wie Übelkeit und Erbrechen, Durchfall oder Bauchschmerzen sind eher selten. Knoblauchpräparate können jedoch Hautreaktionen mit Brennen, Juckreiz und Rötungen hervorrufen. Sehr hohe Dosen können zu einem Rückgang des Blutdrucks und Schwindel führen. Bei der Anwendung von Blutgerinnungsmitteln (wie Phenoprocoumon und Warfarin) sollten Sie mit Ihrem Arzt sprechen, bevor Sie hoch dosierte Knoblauchpräparate einnehmen, denn die Wirkung dieser Medikamente kann durch Knoblauch erhöht werden, was die Neigung zu Blutungen verstärkt.

Mistel zur begleitenden Behandlung von Bluthochdruck

Inhaltsstoffe:

- Flavonoide
- Mistellektine
- Peptide
- Poly- und Oligosaccharide
- Viscotoxine
- Vitamin C

Wirkung:

- Blutdruckregulierend
- Regt Immunsystem an

Anwendung:

- Angstzustände
- Bluthochdruck
- Epilepsie
- Erhöhte Herzfrequenz
- Konzentrationsschwäche
- Kopfschmerzen
- Schlafprobleme
- Rheuma
- Tinnitus

Misteln sind immergrüne, kugelige Gebilde mit kleinen weißen Scheinbeeren, die erst im Winter erscheinen, nachdem die Bäume ihr eigenes Laub abgeworfen haben. Sie betreiben zwar selbst Fotosynthese, beziehen aber Wasser und Nährstoffe von ihrem Wirtsbaum. Misteldrosseln, die große Anhänger der süßen Beeren sind, sind für die Vermehrung zuständig. Der Samen, der in eine sehr klebrige Substanz gehüllt ist, bleibt beim Fressen oft am Schnabel der Tiere hängen. Am nächsten Baum wird er abgewetzt und haftet dort bis zur Auskeimung. Um 400 v. Chr. empfahl Hippokrates die Mistel als Heilmittel für Fallsucht und Milzbeschwerden, während Hildegard von Bingen sie zur Behandlung von Leber- und Geschwulsterkrankungen verwendete. In den kommenden Jahrhunderten wurde dem Kraut auch die Fähigkeit zur Heilung von Schwindel, Migräne, Ruhr, Gicht, Unfruchtbarkeit und zahlreichen anderen Krankheiten zugeschrieben. Dies verdankt die Mistel den sogenannten Lektinen und Viscotoxinen. Bei innerlicher Einnahme regen die einen das Immunsystem an, während die anderen gezielte Entzündungsreize auslösen. Daher verwenden Heilpraktiker und naturheilkundlich orientierte Ärzte Mistelpräparate erfolgreich, insbesondere gegen Rheuma und Hypertonie. Der Mistelextrakt wird bei Rheuma und Arthritis mehrmals unter die Haut in der Umgebung des erkrankten Gelenks injiziert, was dazu führt, dass sich das Gewebe lange Zeit intensiv erwärmt. Dadurch werden Steifigkeit und Schmerzen gebessert. Zu niedriger Blutdruck (Hypotonie) und erhöhter Bluthochdruck (Hypertonie) reagieren auf Mistelpräparate gleichermaßen positiv. Dies erscheint zunächst paradox, kann aber damit erklärt werden, dass die Wirkung durch eine Regulierung des Kreislaufs und eine Stärkung des Herzens wirkt.

Allerdings ist die Mistel im Bereich der unterstützenden Krebsbehandlung am bekanntesten. Rudolf Steiner (*1861; †1925), der Begründer der Anthroposophie (vom Griechischen „Anthropos" Mensch und „Sophia" Weisheit), machte einen Vergleich: Eine Pflanze, die ihren Wirt „aushungert", so wie die Mistel ihre Nährstoffe dem Wirtsbaum entzieht, kann das Gleiche mit Tumoren tun. Die Misteltherapie hat aufgrund zahlreicher guter Erfahrungen mittlerweile einen festen Platz in der Behandlung von Krebs, obwohl entsprechende Wirkungen bisher erst bei Brustkrebspatienten wissenschaftlich untermauert wurden.

Misteltee zur Blutdrucksenkung

Misteltee sollte als Kaltauszug (Wasser-Mazerat) getrunken werden, da die Mistel schwach giftig ist und sich ihre Giftstoffe in heißem Wasser lösen. Übergießen Sie daher 2 Teelöffel Mistelkraut mit 250 ml kaltem Wasser und lassen alles zugedeckt 8 bis 12 Stunden stehen. Dann können Sie den Auszug abseihen und in kleinen Schlucken trinken. Empfohlen wird das Misteltee-Trinken als 6-wöchige Kur.

Tinktur zur Unterstützung der Herz-Kreislauf-Funktion
Bereiten Sie zunächst eine Abkochung aus der frischen Pflanze zu, wie unter „Verschiedene Formen der Anwendung von Heilpflanzen" angegeben, und stellen daraus eine Tinktur mit 60 % Alkohol her. Nehmen Sie dreimal am Tag 1 Teelöffel vor dem Essen zu sich. Mistelprodukte sind für Kinder unter 12 Jahren nicht geeignet.

Potenzielle Nebenwirkungen und Wechselwirkungen

Nebenwirkungen wie Schüttelfrost, hohes Fieber, Kreislaufstörungen, Schwellung der Lymphknoten, entzündliche Reizerscheinungen der Venen, Kopfschmerzen und Brustschmerzen können bei der Verwendung von Mistelpräparaten auftreten. Ebenso kann es zu allergischen Reaktionen wie Rötung, Schwellung und Knotenbildung kommen, wenn Mistelpräparate subkutan injiziert werden. Wechselwirkungen mit anderen Substanzen sind nicht bekannt.

Olivenblattextrakt für seine antioxidativen Eigenschaften und Herzschutz

Inhaltsstoffe:

- Iridoide
- Oleuropein
- Öl (75 % Ölsäure)

Wirkung:

- Antibakteriell
- Antioxidans
- Antiparasitär
- Antiviral
- Entzündungshemmend
- Immunstärkend
- Stärkt das Herz

Anwendung:

- Arthritische Beschwerden
- Erhöhter Blutdruck
- Kardiovaskuläre Probleme

Während Olivenöl (aus den Früchten des Olivenbaumes) lediglich durch seine einfach ungesättigten Fettsäuren wirkt, ist Olivenblattextrakt (aus den Blättern) sehr gesundheitsfördernd, da es viele starke Antioxidantien (Polyphenole wie Oleuropein und Hydroxytyrosol) enthält. Doch wie genau beeinflussen diese Verbindungen die Funktionsweise des Extrakts? *Oleuropein* ist als starkes

Antioxidans in der Lage, freie Radikale auszuschalten. Bei normalen Stoffwechselvorgängen oder durch Umweltfaktoren wie Strahlung und Luftverschmutzung entstehen diese unbeständigen Moleküle im Körper. Wenn freie Radikale nicht neutralisiert werden, haben sie die Fähigkeit, gesunde Zellen und Gewebe zu schädigen. Dies könnte zu lang anhaltenden Entzündungen, einem frühen Altern und verschiedenen Krankheiten führen, darunter Herzerkrankungen und Krebs. Oleuropein verhindert Schäden durch die Neutralisierung dieser freien Radikale, es wirkt außerdem entzündungshemmend. Entzündungen stellen eine natürliche Reaktion des Körpers auf Verletzungen und Infektionen dar. Wenn diese jedoch chronisch werden, können sie auch Krankheiten verursachen. Der Einsatz von Oleuropein kann dazu beitragen, diese Erkrankung zu verhindern. *Hydroxytyrosol* verhindert, dass Herzzellen durch freie Radikale beschädigt werden, und verringert auch Entzündungen. Außerdem hilft es, die Blutgefäße gesund zu erhalten und die Durchblutung zu fördern, was zwei bedeutende Faktoren für die Gesundheit des Herzens darstellt.

Darüber hinaus beeinflusst die Einnahme von Olivenblattextrakt das Immunsystem. Die enthaltenen Substanzen helfen dabei, Bakterien, Viren und andere Krankheitserreger zu bekämpfen. Olivenblattextrakt hat einen bitteren und kräftigen Geschmack, weshalb er u. a. als Kapsel, Liquid Extrakt oder Tee erhältlich ist.

Das Olivenblattextrakt und seine Vorteile

Abgesehen von seiner Unterstützung des Herz-Kreislauf-Systems kann Olivenblattextrakt Herz-Kreislauf-Erkrankungen wie Arteriosklerose und Bluthochdruck reduzieren, das Immunsystem stärken, Krankheitserreger wie Bakterien, Viren und Pilze abwehren und den Cholesterinspiegel in einem ausgewogenen Maß halten. Im Körper werden die Polyphenole, die enthalten sind, in Nitrate umgewandelt, die die Blutgefäße erweitern und somit einen normalen Blutdruck fördern. In Untersuchungen wurden die Antioxidantien im Extrakt damit assoziiert, dass sie den LDL-Cholesterinspiegel senken und gleichzeitig das HDL-Cholesterin erhöhen können.

Dosierung

Um die bestmöglichen gesundheitlichen Vorteile zu erlangen und gleichzeitig das Risiko von Nebenwirkungen zu minimieren, ist es entscheidend, die richtige Dosierung für sich selbst zu kennen, wenn man Olivenblattextrakt einnimmt. Diese variiert je nach Gesundheitszustand, Alter und verwendetem Produkt. Für Erwachsene wird eine Dosis von ca. 500 bis 1.000 mg täglich empfohlen. Um sicherzustellen, dass die Wirkung konstant bleibt, sollte diese Menge besser auf 2 bis 3 Dosen pro Tag verteilt werden. Beginnen Sie mit einer niedrigeren Dosis und steigern Sie diese nach und nach. So können Sie am besten feststellen, ob Sie den Extrakt gut vertragen.

Potenzielle Nebenwirkungen und Wechselwirkungen

Der bittere Geschmack von Olivenblattextrakt ist ein potenzieller Nachteil, den viele Anwender als unangenehm empfinden. Aus diesem Grund wird er oft als Kapselform angeboten. Obwohl Olivenblattextrakt in der Regel gut vertragen wird, kann er insbesondere bei hohen Dosen Nebenwirkungen hervorrufen. Dies schließt Verdauungsstörungen wie Übelkeit, Magenbeschwerden und selten Durchfall ein. Kopfschmerzen und allergische Reaktionen sind ebenfalls weitere Nebenwirkungen, welche auftreten können.

Bei Personen, die bereits Blutdruckmedikamente einnehmen, kann Olivenblattextrakt aufgrund seiner blutdrucksenkenden Wirkung zu Hypotonie oder Blutdrucksenkung führen. Ein weiterer Aspekt ist, dass die Leberenzyme bei Langzeitanwendung erhöht werden können. Vor der Einnahme des Olivenblattextrakts sollten daher Personen mit Lebererkrankungen oder Personen, die andere Medikamente einnehmen, mit einem Arzt sprechen.

Heilpflanzen und ihre unendliche Fülle

Wir entdecken in der beeindruckenden Welt der Heilpflanzen eine unendliche Quelle natürlicher Heilkraft und Wohlbefinden. Das Wissen um die heilenden Eigenschaften von Pflanzen wurde von Generation zu Generation von Menschen auf der ganzen Welt weitergegeben, was eine reiche Tradition der Phytotherapie hervorbrachte. Dieser jahrhundertealte Erfahrungsschatz kann uns in unserem heutigen, oft hektischem Alltag nützlich sein, um die sanfte, ganzheitliche Kraft der Natur für unsere Gesundheit zu nutzen.

Wie Sie durch diesen Ratgeber feststellen konnten, gibt es eine unendliche Vielfalt von Heilpflanzen, von denen jede ihre eigenen speziellen Merkmale und Anwendungsmöglichkeiten aufweist. Ob es darum geht, das Immunsystem zu stärken, Beschwerden zu lindern oder das allgemeine Wohlbefinden zu fördern – die Optionen sind unbegrenzt.

Es ist dabei von Bedeutung, die Heilpflanzen immer sorgfältig zu behandeln und ihre Wirkungen sowie potenzielle Nebenwirkungen zu kennen. Um sicherzustellen, dass die Anwendung der Pflanzen für Ihre individuelle Situation geeignet ist, sprechen Sie immer mit einem erfahrenen Therapeuten oder Arzt, wenn Sie Zweifel haben.

Möge Ihnen dieser Ratgeber als nützliche Quelle der Inspiration dienen, um die Naturschätze zu erforschen und Ihr eigenes Spektrum an Heilpflanzen für Ihr Wohlbefinden und Ihre Gesundheit auszubauen. Mögen Sie sich mit der Natur verbunden fühlen, ihre Schönheit und Stärke spüren und in Einklang mit sich selbst und Ihrer Umgebung leben. Es gibt eine unendliche Menge an Lebensenergie in jedem Samenkorn, jedem Blatt und jeder Blüte – lassen Sie sich stets davon berühren und bereichern.

Glossar

- **Absorbtionshemmend:** Abdichtung der Zellmembran
- **Adaptogen:** Pflanzlicher Stoff, der dem Körper hilft, besser mit Stress umzugehen
- **Adrenalin:** Stresshormon
- **Adstringierend:** Zusammenziehend
- **Alkamide:** Bioaktive Verbindungen mit entzündungshemmenden, immunmodulierenden und schmerzlindernden Eigenschaften
- **Allergen:** Ein Stoff, der eine allergische Reaktion hervorrufen kann
- **Allicin:** Ein Abkömmling der Aminosäure Alliin, hat eine entzündungshemmende Wirkung. Allicin erhöht den Spiegel zweier wichtiger Antioxidantien im Blut, die wiederum freie Radikale bekämpfen.
- **Aloin:** Abführender Inhaltsstoff
- **Alpha Bisabolol:** Hauptwirkstoff der Kamille mit beruhigenden und entzündungshemmenden Eigenschaften
- **Amara aromatica:** Bittermittel, wie Enzian, Galgant und Ingwer. Auf den Organismus wirken sie kräftigend und regen zudem die Verdauungssekretion (Magensaft, Dünndarmsaft) an.
- **Amitriptylin:** Antidepressivum
- **Anthranoide:** Mittel mit abführender Wirkung
- **Antibakteriell:** Gegen Bakterien wirkend
- **Antiexsudativ:** Hemmung von Flüssigkeitsaustritten aus Gefäßen und Venen
- **Antifungal:** Gegen Pilzinfektionen wirkend
- **Antikarzinogen:** Dem Krebs entgegenwirkend
- **Antimykotisch:** Wirksam gegen Pilzinfektionen
- **Antiödematös:** Abschwellend
- **Antioxidans:** Chemische Verbindung, die die freien Radikale unschädlich macht und den Körper vor oxidativem Stress schützt
- **Antioxidativ:** Oxidationshemmend
- **Antiphlogistisch:** Entzündungshemmend
- **Antiseptikum:** Keimabtötendes Mittel
- **Aphrodisiakum:** Libidoförderndes Mittel
- **Apoptose:** Kontrollierter Selbstmord der Zellen

- **Artemisinin:** Sekundärer Pflanzenstoff – vorwiegend gegen Malaria einsetzbar
- **Atropin:** Wirkstoff der Tollkirsche
- **Ausläufer:** Kriechende Stängel, die an ihrer Spitze neue Pflanzen ausbilden
- **Bakteriostatisch:** Verhinderung des Bakterienwachstums
- **Beere:** Fleischige, ein- bis mehrsamige Frucht
- **Bilobalid:** Wirkstoff in den Ginkgo-Blättern
- **Bitterstoffe:** Bitter schmeckende pflanzliche Inhaltsstoffe mit teilweise appetitfördernder, verdauungsanregender oder entzündungshemmender Wirkung
- **Borneol:** Ein sekundärer Alkohol und Bestandteil ätherischer Öle
- **Chlorophyll:** Der Farbstoff, dem Pflanzen ihr Grün verdanken und gleichzeitig ein wichtiger Faktor bei der Fotosynthese
- **Choleretisch:** Anregung des Gallenflusses
- **Cineol:** Hauptbestandteil von Eukalyptus mit entzündungshemmender und schleimlösender Wirkung
- **Cumarin:** Charakteristisch riechende (Waldmeisterduft), in höherer Menge giftige pflanzliche Wirkstoffe
- **Cyanglykoside (Gynocardin):** Verbindungen, welche in Pflanzen vorkommen und Cyanid bei der Verstoffwechselung im Körper abspalten. Dieses Cyanid ist in hohen Dosen giftig.
- **Cynaropicrin:** Bitterstoffverbindung in der Artischocke mit entzündungshemmenden, antioxidativen und verdauungsfördernden Eigenschaften
- **Destillation:** Ein Trennverfahren, um Flüssigkeiten zu verdampfen, diesen Dampf einzufangen und wieder zu verflüssigen
- **Digoxin:** Ein Herzglykosid zur Behandlung vor allem von Herzschwäche
- **Diuretika:** Harntreibende Mittel, wie Birkenblätter, Schachtelhalmkraut und Wacholder
- **Dolde:** Schirmförmiger Blütenstand, dessen Einzelblüten demselben Ausgangspunkt entstammen
- **Einkeimblättrige:** Pflanzen mit einem oberirdischen Keimblatt und längs gerippten Blättern
- **Endothelzellen:** Zellen, die die inneren Wände von Arterien, Venen und Kapillaren mit einer dünnen Schicht auskleiden.
- **Expektoranzien:** Fördern das Abhusten von Schleim, wie Isländisch Moos und Thymian
- **Expektorierend:** Auswurffördernd

- **Flavonoide:** Sekundäre Pflanzenstoffe, die vielen Obst- und Gemüsesorten ihre Farbe verleihen und unter anderem das Krebsrisiko sowie Herz-Kreislauf-Erkrankungen senken
- **Freie Radikale:** Reaktionsfreudige ungepaarte Moleküle, die anderen gesunden Molekülen ein Elektron stehlen und diese ebenfalls zu schädlichen Radikalen umwandeln
- **Gerbstoffe:** Wirken adstringierend, reizlindernd und entzündungshemmend
- **Gingerol:** Wirkstoff, der für den Geschmack des Ingwers verantwortlich und ein wichtiger Antioxidans ist
- **Ginkgolide:** Bioaktive Verbindungen in den Ginkgo-Blättern
- **Glechomin:** Bitterstoff, der die Verdauungssäfte anregt
- **Glykoside:** Pflanzliche Wirkstoffe, die stets aus einer Zuckerkomponente und einem Nichtzuckeranteil bestehen
- **Hämoglobin:** Blutfarbstoff in den roten Blutkörperchen
- **Hepatoprotektiv:** Die Leber schützend
- **Hyperlipidämie:** Hoher Cholesterinspiegel
- **Indolalkaloide:** Bioaktive Verbindungen mit antiviralen, antibakteriellen, entzündungshemmenden und krebsbekämpfenden Eigenschaften
- **Inulin:** Löslicher Ballaststoff
- **Iridoide:** Sekundäre Pflanzenstoffe mit entzündungshemmenden, antioxidativen, antimikrobiellen und krebshemmenden Eigenschaften
- **Isopropanol:** Farbloses, brennbares Lösungsmittel
- **Isoquercitin:** Ein Polyphenol mit antioxidativen und entzündungshemmenden Eigenschaften
- **Karminativ:** Blähungstreibend
- **Karminativa:** Mittel gegen Blähungen, wie Fenchel, Anis und Kümmel
- **Kelchblatt:** Äußeres Blütenblatt einer doppelten Blütenhülle
- **Kompresse:** Nasse Auflage, die kalt oder warm aufgelegt werden kann
- **Lektine:** Proteine, die sich an Kohlenhydrate binden können
- **LDL-Oxidation:** Der Prozess, bei dem freie Radikale das LDL-Cholesterin schädigen
- **Lipidperoxide:** Chemische Verbindungen, die durch Oxidation von Lipiden entstehen
- **Lipidperoxidation:** Oxidative Zerstörung der Lipide
- **Lipidperoxylradikale:** Reaktive Sauerstoffverbindungen, die durch die Oxidation von Lipiden entstehen

- **Lotion:** Flüssige Öl-in-Wasser-Emulsion zur äußerlichen Anwendung
- **Mazeration:** Aufweichung pflanzlicher Rohstoffe in Wasser oder Alkohol zur Extraktion der Inhalts- und Wirkstoffe
- **Mitraphillin:** Ein Alkaloid mit entzündungshemmenden und antioxidativen Eigenschaften
- **Monosaccharid:** Einfachzucker und Grundbaustein der Kohlenhydrate
- **Noradrenalin:** Körpereigener Botenstoff
- **Nortriptylin:** Antidepressivum
- **Oxindolalkaloide:** Bioaktive Verbindungen mit antitumoralen, antimikrobiellen, entzündungshemmenden und neuroprotektiven Wirkungen
- **Paclitaxel:** Pflanzliches Chemotherapeutika
- **Pektin:** Löslicher Ballaststoff und hervorragender Entgifter, der in Obstschalen vorkommt
- **Peptid:** Protein aus Aminosäuren
- **Pfahlwurzeln:** Eine Wurzel, die sich aus einer Keimwurzel zur Hauptwurzel entwickelt
- **Phenolcarbonsäuren:** Sekundäre Pflanzenstoffe und Hauptgruppe der Blütenfarbstoffe
- **Phenole:** Vom Benzol abgeleitete, häufige Kohlenstoffverbindungen, die in vielen Pflanzen enthalten sind
- **Fotosynthese:** Der Prozess, wenn Pflanzen mithilfe von Sonnenlicht und Kohlendioxid Energie herstellen und in Sauerstoff und Glukose umwandeln
- **Phytotherapie:** Pflanzenheilkunde
- **Phloroglucinol (Hyperforin):** Organische Verbindung, welche zu den Phenolen gehört und eine krampflösende Wirkung hat
- **Polycyklische Diketone (Hypericin):** Organische Verbindung in Pflanzen, von denen in hohen Dosen einige toxisch sein können
- **Proanthocyanidine:** Sekundäre Pflanzenstoffe und starke Antioxidantien mit entzündungshemmender Wirkung
- **Prolaktin:** Ein Hormon, das für die Milchproduktion in der mütterlichen Brust verantwortlich ist
- **Pteropodin:** Alkaloid mit entzündungshemmender, antioxidativer und blutzuckersenkender Wirkung
- **Pyrrolizidinalkaloide:** Natürliche chemische Verbindung mit toxischer Wirkung auf die Leber
- **Quercetin:** Pflanzliches Flavonoid und Antioxidans
- **Rhizom:** Mehrjähriger, unterirdischer, meist horizontal wachsender Wurzelspross mit Speicherfunktion

- **Rispe:** Mehrfach verzweigter Blütenstand, Einzelblüten sind meist gestielt
- **Rutin:** Gehört zu den Flavonoiden und fördert eine gesunde Darmflora
- **Sambunigirin:** Gehört zu den Glykosiden und ist eine toxische Substanz in Holunderbeeren
- **Saponine:** Giftige, pflanzliche Wirkstoffe, die in Verbindung mit Wasser seifenähnlichen Schaum bilden
- **Sekretionsanregend:** Bildung der Verdauungssäfte
- **Selen:** Lebenswichtiges Spurenelement für das Immunsystem und die Schilddrüse
- **Serotonin:** Ein Botenstoff und bekannt als „Glückshormon"
- **Sesquiterpenlacton:** Chemische Verbindungen mit entzündungshemmenden, antimikrobiellen und antitumoralen Eigenschaften
- **Silymarin:** Ein Stoff der Mariendistel – er bekämpft freie Radikale, fördert die Leberregeneration sowie den Schutz von Leberzellen
- **Sorbose:** Ein Monosaccharid in einigen Pflanzensäften, welches auch als Zuckerersatz dient
- **Spasmolytisch:** Krampflösend
- **Spiroether:** Organische Verbindungen mit charakteristischen Aromen
- **Sprossteile:** Oberirdische Pflanzenteile
- **Substanz P:** Ein Botenstoff, der Schmerzsignale überträgt
- **Tannin:** Pflanzlicher Gerbstoff, der adstringierend auf die Schleimhäute wirkt
- **Tetracyclische Oxindolalkaloide:** Chemische Verbindung, vorkommend in Pflanzen mit pharmakologischen Eigenschaften
- **Tinktur:** Flüssige Arznei, die durch Extraktion mit Wasser oder Alkohol hergestellt wird
- **Tonikum:** Stärkungsmittel
- **Tonisch:** Stärkend
- **Traube:** Blütenstand mit gestielten Einzelblüten, die einer Sprossachse entspringen
- **Triterpenglykoside:** Ein Saponin, welches den Stoffwechsel und den Funktionszustand der Organe beeinflusst

Quellenverzeichnis

- Fetzner, Angela (2019): Heilpflanzen – Gesund durch die Kraft der Natur.
- Prentner, Angelika (2017): Heilpflanzen der Traditionellen Europäischen Medizin.
- Kloss, Martina (2020): Was sind Heilpflanzen und ihre Wirkungen?
- Trott-Tschepe, Jürgen / Puhle, Annekathrin / Möller, Birgit (2014): Heilpflanzen für die Gesundheit: 300 Pflanzen – neues und überliefertes Heilwissen.